陳德來 著

數位新知 策劃

資訊特色
教科書
系列叢書

最新社群與
行動行銷實務應用

五南圖書出版公司 印行

序

網路社群或稱虛擬社群（virtual community或Internet community）是網路獨有的生態，可聚集共同話題、興趣及嗜好的社群網友及特定族群討論共同的話題，達到交換意見的效果。網路社群的觀念可從早期的BBS、論壇，一直到近期的部落格、噗浪、微博或者Facebook。由於這些網路服務具有互動性，因此能夠讓網友在一個平台上，彼此溝通與交流。隨著各類部落格及社群網站的興起，網路傳遞的主控權已快速移轉到網友手上，以往免費經營的社群網站也成為最受矚目的集客網站，帶來無窮的商機。

隨著網際網路及社群商務的崛起，也興起了社群行銷的模式。近年來愈來愈多各種不同的網路社群針對特定議題交流意見，形成一股新興流行，嘗試來提供企業更精準洞察消費者的需求，並帶動網站商品的社群行銷效益。本書精彩篇幅如下：

- 社群商務與行動社群商機
- 社群行銷的必修入門攻略
- 客戶關係管理與社群大數據
- 社群行銷的熱門工具與社群SEO
- 臉書行銷入門
- Instagram行銷特訓教材

- 微博行銷的關鍵技巧
- YouTube與微電影行銷
- LINE貼圖製作與行銷密技
- 社群直播行銷工作術
- 微商營運與微信行銷
- 社群行銷的素養、倫理與法律研究

目錄

第十二章　社群行銷的素養、倫理與法律研究

第一章

社群商務與行動社群商機

　　「網路社群」或稱「虛擬社群」（virtual community或Internet community）是網路獨有的生態，可聚集共同話題、興趣及嗜好的社群網友及特定族群討論共同的話題，達到交換意見的效果。網路社群的觀念可從早期的BBS、論壇、一直到近期的部落格、噗浪、微博或者Facebook。由於這些網路服務具有互動性，因此能夠讓網友在一個平台上，彼此溝通與交流。臉書（Facebook）在2020年底全球使用人數已突破28億，臉書的出現令民眾生活形態有不少改變，在台灣更有爆炸性成長，打卡（在臉書上標示所到之處的地理位置）是普遍流行的現象，台灣人喜歡隨時隨地透過

開心水族箱

Candy Crush Soda Saga

臉書社群上所提供的好玩小遊戲

臉書打卡與分享照片，是國人最愛用的社群網站，讓學生、上班族、家庭主婦都為之瘋狂。

Tips

　　打卡（在臉書上標示所到之處的地理位置）是普遍流行的現象，透過臉書打卡與分享照片，更讓學生、上班族、家庭主婦都為之瘋狂。例如餐廳給來店消費打卡者折扣優惠，利用臉書粉絲團商店增加品牌業績，對店家來說也是接觸普羅大眾最普遍的管道之一。

　　臉書創辦人馬克・佐克伯：「如果我一定要猜的話，下一個爆發式成長的領域就是「社群商務」（Social Commerce）」。社群商務（Social Commerce）的定義就是社群與商務的組合名詞，透過社群平台來獲得更多商業顧客。社群商務真的有那麼大潛力嗎？這種「先搜尋，後購買」的商務經驗，正在已進行式的方式反覆在現代生活中上演，根據最新的統計報告，有2/3美國消費者購買新產品時會先參考社群上的評論，且有1/2以上受訪者會因為社群媒體上的推薦而嘗試全新品牌，這就是社群口碑的力量，藉由這股勢力漸漸的發展出另一種商務形式「社群商務（Social Commerce）」。

1-1　社群初體驗

　　「社群」是網路獨有的生態，可聚集共同話題、興趣及嗜好的社群網友及特定族群討論共同的話題，達到交換意見的效果。網路社群的觀念可從早期的BBS、論壇、一直到近期的部落格、噗浪、微博或者Facebook。由於這些網路服務具有互動性，因此能夠讓網友在一個平台上，彼此溝通與交流。隨著各類部落格及社群網站的興起，網路傳遞的主控權已快速移

轉到網友手上，以往免費經營的社群網站也成為最受矚目的集客網站，帶來無窮的商機。

微博是目前中國最流行的社群網站

Tips

BBS（Bulletin Board System）就是所謂的電子布告欄，主要是提供一個資訊公告交流的空間，它的功能包括發表意見、線上交談、收發電子郵件等，早期以大專院校的校園BBS最為風行。BBS具有下列幾項優點，包括完全免費、資訊傳播迅速、完全以鍵盤操作、匿名性、資訊公開等，因此到現在仍然在各大校園相當受到歡迎。

PTT是台灣本土最大的BBS討論空間

Tips

　　中文名批踢踢實業坊，以電子布告欄（BBS）系統架設，以學術性質為原始目的，提供線上言論空間，是一個知名度很高的電子布告欄類平台的網路論壇，批踢踢有相當豐富且龐大的資源，包括流行用語、名人、板面、時事，新聞等資源。PTT維持中立、不商業化、不政治化，鄉民百科只要遵守簡單的編寫規則，即可自由編寫，每天收錄4萬多篇文章。

1-1-1 社群簡介

　　「社群」最簡單的定義，各位可以看成是一種由節點（node）與邊（edge）所組成的圖形結構（graph），其中節點所代表的是人，至於邊

所代表的是人與人之間的各種相互連結的關係，新的使用者成員會產生更多的新連結，節點間相連結的邊的定義具有彈性，甚至於允許節點間具有多重關係。社群的生態系統就是一個高度複雜的圖表，交織出許多錯綜複雜的連結，整個社群所帶來的價值就是每個連結創造出個別價值的總和，進而形成連接全世界的社群網路。

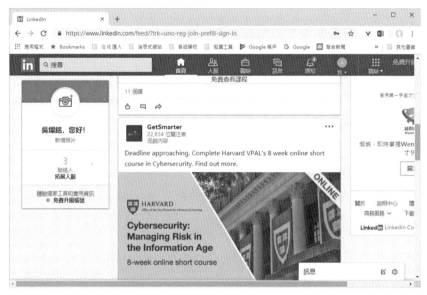

LinkedIn是全球最大專業人士社群網站

Tips

　　美國職業社交網站LinkedIn是專業人士跨國求職的重要利器，由於定位明確確實吸引不少商業人士來此交流，比起臉書或Instagram，LinkedIn這類典型的商業型社交服務網站走的是更職業化的服務方向，任何想在世界找到工作的人，都可以在LinkedIn發布個人簡歷的平台，時常會有許多世界各地工作機會主動上門，能將履歷互相連接成人脈網路，就如同一個職場版的Facebook。

　　「社群網路服務」（Social Networking Service, SNS）就是Web體系下的一個技術應用架構，是基於哈佛大學心理學教授米爾格藍（Stanely Milgram）所提出的「六度分隔理論」（Six Degrees of Separation）運作。這個理論主要是說在人際網路中，要結識任何一位陌生的朋友，中間最多只要通過六個朋友就可以。從內涵上講，就是社會型網路社區，即社群關係的網路化。通常SNS網站都會提供許多方式讓使用者進行互動，包括聊天、寄信、影音、分享檔案、參加討論群組等。例如像Facebook類型的SNS網路社群就是「六度分隔理論」的最好證明。

　　美國影星威爾・史密斯曾演過一部電影《六度分隔》，劇情是描述威爾・史密斯為了想要實踐六度分離的理論而去偷了朋友的電話簿，並進行冒充的舉動。簡單來說，這個世界事實上是緊密相連著的，只是人們察覺不出來，地球就像六人小世界，假如你想認識美國總統歐巴馬，只要找到正確的人在六個人之間就能得到連結。隨著全球網路化與資訊的普及，我們可以預測這個數字還會不斷下降，根據最近Facebook與米蘭大學所做的一個研究，六度分隔理論已經走入歷史，現在是「四度分隔理論」了。

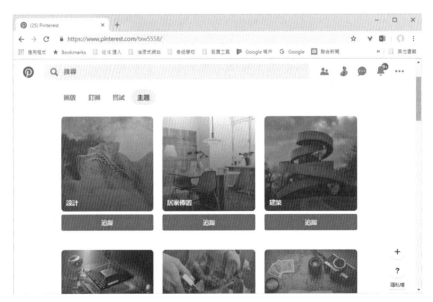

Pinterest在社群行銷導購上成效都十分亮眼

Tips

　　「Pinterest」的名字由「Pin」和「Interest」組成，是接觸女性用戶最高CP值的社群平台，算是種強烈以興趣為取向的社群平台，擁有豐富的飲食、時尚、美容的最新訊息，是一個圖片分享類的社群網站，無論是購物還是資訊，大多數用戶會利用Pinterest直接找尋他們所想要的資訊。

1-2 社群與Web發展

　　由於網際網路（Internet）的蓬勃發展，帶動人類有史一來，無論是民族、娛樂、通訊、政治、軍事、外交等方面，無一不受到Internet的影響。或許我們可以這樣形容：「Internet」不是萬能，但在現代生活中，少了Interent，那可就萬萬不能！時至今日，我們的生活已經離不開網

網際網路帶來了現代社會的巨大變革

路,而與網路最形影不離的就是「社群」,這已經從根本撼動我們現有的生活模式了。

Tips

摩爾定律(Moore's law)是由英特爾(Intel)名譽董事長摩爾(Gordon Mores)於1965年所提出,表示電子計算相關設備不斷向前快速發展的定律,主要是指一個尺寸相同的IC晶片上,所容納的電晶體數量,因為製程技術的不斷提升與進步,造成電腦的普及運用,每隔約十八個月會加倍,執行運算的速度也會加倍,但製造成本卻不會改變。

「全球資訊網」(World Wide Web, WWW),又簡稱為Web,可說是目前網際網路(Internet)上最流行的一種新興工具,它讓Internet原本生硬的文字介面,取而代之的是聲音、文字、影像、圖片及動畫的多元件交談介面。時至今日,我們的生活已經離不開Web。

全球資訊網上充斥著各式各樣的網站　　Web上有數以億計五花八門的網站資源

從最早期的Web 1.0到邁入Web 3.0的時代,每個階段都有其象徵的意義與功能,對人類生活與網路社群的創新也影響越來越大,吸引網民最有

效的管道，無疑就是社群媒體。例如2011年「茉莉花革命」（或稱爲阿拉伯之春）如秋風掃落葉般地從北非席捲到阿拉伯地區，引爆點卻是臉書這樣的新媒體，因此這場「茉莉花革命」也被稱爲「臉書革命」。一位突尼西亞年輕人因爲被警察欺壓，無法忍受憤而自焚的畫面，透過臉書等社群快速傳播，頓時讓長期積累的民怨爆發爲全國性反政府示威潮，進而導致獨裁23年領導人流亡海外，接著迅速地影響到鄰近阿拉伯地區，如埃及等威權政府土崩瓦解，這就是由網路鄉民所產生的新媒體力量。

1-2-1 IP位址與DNS

任何連上Internet上的電腦，我們都叫做「主機」（host）。而且只要是Internet上的任何一部主機都有唯一的識別方法去辨別它。換個角度來說，您可以想像成每部主機有獨一無二的網路位址，也就是俗稱的「網址」。表示網址的方法有兩種，分別是IP位址與網域名稱系統（DNS）兩種。

IP位址就是「網際網路通訊定位址」（Internet Protocol Address, IP Address）的簡稱。一個完整的IP位址是由4個位元組，即32個位元組合而成。而且每個位元組都代表一個0～255的數字。

例如以下的IP Address：

11010010	11010001	00010110	11010010
↑	↑	↑	↑
210	209	22	210

這四個位元組，可以分爲兩個部分—「網路識別碼」（Net ID）與「主機識別碼」（Host ID）：

位址是由網路識別碼與主機識別碼所組成

　　請注意！IP位址具有不可移動性，也就是說您無法將IP位址移到其它區域的網路中繼續使用。IP位址的通用模式如下：

$$0\sim255.0\sim255.0\sim255.0\sim255$$

例如以下都是合法的IP位址：

$$
\begin{array}{l}
140.112.2.33 \\
198.177.240.10
\end{array}
$$

　　IP位址依照等級的不同，可區分為A、B、C、D、E五個類型，可以從IP位址的第一個位元組來判斷。如果開頭第一個位元為「0」，表示是A級網路，「10」表示B級網路，「110」表示C級網路……以此類推，說明如下：

■ Class A

　　前導位元為0，以1個位元組表示「網路識別碼」（Net ID），3個位元組表示「主機識別碼」（Host ID），第一個數字為0～127。每一個A級網路系統下轄$2^{24}=16,777,216$個主機位址。通常是國家級網路系統，才會申請到A級位址的網路，例如12.18.22.11。

■ Class B

　　前導位元爲10，以2個位元組表示「網路識別碼」（Net ID），2個位元組表示「主機識別碼」（Host ID），第一個數字爲128～191。每一個B級網路系統下轄2^{16}＝65,536個主機位址。因此B級位址網路系統的對象多半是ISP或跨國的大型國際企業，例如129.153.22.22。

■ Class C

　　前導位元爲110，以3個位元組表示「網路識別碼」（Net ID），1個位元組表示「主機識別碼」（Host ID），第一個數字爲192～223。每一個C級網路系統僅能擁有2^{8}＝256個IP位址。適合一般的公司或企業申請使用，例如194.233.2.12。

■ Class D

　　前導位元爲1110，第一個數字爲224～239。此類IP位址屬於「多點廣播」（Multicast）位址，因此只能用來當作目的位址等特殊用途，而不能作爲來源位址，例如239.22.23.53。

■ Class E

　　前導位元爲1111，第一個數字爲240～255。全數保留未來使用。所以並沒有此範圍的網路，例如245.23.234.13。

Tips

　　我們知道傳統的IPv4使用32位元來定址，因此最多只能有2^{32}＝4,294,927,696個IP位址。而爲了解決IP位址不足的問題，提出了新的IPv6版本。IPv6採用128位元來進行定址，如此整個IP位址的總數量

CHAPTER

1

> 就有2^{128}個位址。至於定址方式則是以16個位元為一組，一共可區分
> 為8組，而每組之間則以冒號「：」區隔。

　　此外，由於IP位址是一大串的數字組成，因此十分不容易記憶。如果每次要連接到網際網路上的某一部主機時，都必須去查詢該主機的IP位址，十分不方便。至於「網域名稱」（Domain Name）的命名方式，是以一組英文縮寫來代表以數字為主的IP位址。而其中負責IP位址與網域名稱轉換工作的電腦，則稱為「網域名稱伺服器」（Domain Name Server, DNS）。這個網域名稱的組成是屬於階層性的樹狀結構。共包含有以下四個部分：

主機名稱、機構名稱、機構類別、地區名稱

　　例如榮欽科技的網域名稱如下：

　　以下網域名稱中各元件的說明：

元件名稱	特色與說明
主機名稱	指主機在網際網路上所提供的服務種類名稱。例如提供服務的主機，網域名稱中的主機名稱就是「www」，如www.zct.com.tw，或者提供bbs服務的主機，開頭就是bbs，例如bbs.ntu.edu.tw。

元件名稱	特色與說明
機構名稱	指這個主機所代表的公司行號、機關的簡稱。例如微軟（microsoft）、台大（ntu）、zct（榮欽科技）。
機構類別	指這個主機所代表單位的組織代號。例如www.zct.com.tw，其中com就表示一種商業性組織。
地區名稱	指出這個主機的所在地區簡稱。例如www.zct.com.tw，這個tw就是代表台灣）。

常用的機構類別與地區名稱簡稱如下：

機構類別	說明
edu	代表教育與學術機構
com	代表商業性組織
gov	代表政府機關單位
mil	代表軍事單位
org	代表財團法人、基金會等非官方機構
net	代表網路管理、服務機構

常用的機構類別名稱如下：

地區名稱代號	國家或地區名稱
at	奧地利
fr	法國
ca	加拿大
be	比利時
jp	日本

1-2-2 Web架構與URL

　　Web主要是由全球大大小小的網站所組成的，其主要是以「主從式架構」（Client/Server）為主，並區分為「用戶端」（Client）與「伺服端」（Server）兩部分。WWW的運作原理是透過網路客戶端（Client）的程式去讀取指定的文件，並將其顯示於您的電腦螢幕上，而這個客戶端（好比我們的電腦）的程式，就稱為「瀏覽器」（Browser）。目前市面上常見的瀏覽器種類相當多，各有其特色。

　　例如我們可以使用家中的電腦（客戶端），並透過瀏覽器與輸入URL來開啟某個購物網站的網頁。這時家中的電腦會向購物網站的伺服端提出顯示網頁內容的請求。一旦網站伺服器收到請求時，隨即會將網頁內容傳送給家中的電腦，並且經過瀏覽器的解譯後，再顯示成各位所看到的內容。

Tips

　　所謂超連結就是Web上的連結技巧，透過已定義好的關鍵字與圖形，只要點取某個圖示或某段文字，就可以直接連結卜相對應的文件。而「超文件」是指具有超連結功能的文件。

　　當各位打算連結到某一個Web的網站時，首先必須知道此網站的「網址」，網址的正式名稱應爲「全球資源定位器」（URL）。簡單的說，URL就是WWW伺服主機的位址用來指出某一項資訊的所在位置及存取方式。嚴格一點來說，URL就是在WWW上指明通訊協定及以位址來享用網路上各式各樣的服務功能。使用者只要在瀏覽器網址列上輸入正確的URL，就可以取得需要的資料，例如「http://www.yahoo.com.tw」就是yahoo!奇摩網站的URL，而正式URL的標準格式如下：

protocol://host[:Port]/path/filename

　　其中protocol代表通訊協定或是擷取資料的方法，常用的通訊協定如下表：

通訊協定	說明	範例
http	HyperText Transfer Protocol，超文件傳輸協定，用來存取WWW上的超文字文件（hypertext document）	http://www.yam.com.tw（蕃薯藤URL）
ftp	File Transfer Protocol，是一種檔案傳輸協定，用來存取伺服器的檔案	ftp://ftp.nsysu.edu.tw/（中山大學FTP伺服器）
mailto	寄送E-Mail的服務	mailto://eileen@mail.com.tw

通訊協定	說明	範例
telnet	遠端登入服務	telnet://bbs.nsysu.edu.tw（中山大學美麗之島BBS）
gopher	存取gopher伺服器資料	gopher://gopher.edu.tw/（教育部gopher伺服器）

host可以輸入Domain Name或IP Address，[:port]是埠號，用來指定用哪個通訊埠溝通，每部主機內所提供之服務都有內定之埠號，在輸入URL時，它的埠號與內定埠號不同時，就必須輸入埠號，否則就可以省略，例如http的埠號為80，所以當我們輸入yahoo!奇摩的URL時，可以如下表示：

http://www.yahoo.com.tw:80/

由於埠號與內定埠號相同，所以可以省略「:80」，寫成下式：

http://www.yahoo.com.tw/

1-2-3 Web發展史

Web 1.0時代受限於網路頻寬及電腦配備，對於Web上網站內容，主要是由網路內容提供者所提供，使用者只能單純下載、瀏覽與查詢，例如我們連上某個政府網站去看公告與查資料，只能乖乖被動接受，不能輸入或修改網站上的任何資料，單向傳遞訊息給閱聽大眾。

Web 2.0時期寬頻及上網人口的普及，其主要精神在於鼓勵使用者的參與，讓網民可以參與網站這個平台上內容的產生，如部落格、網頁相簿的編寫等，這個時期帶給傳統媒體的最大衝擊是打破長久以來由媒體主導

資訊傳播的藩籬。PChome Online網路家庭董事長詹宏志就曾對Web 2.0作了個論述：如果說Web1.0時代，網路的使用是下載與閱讀，那麼Web2.0時代，則是上傳與分享。

部落格是Web 2.0時相當熱門的新媒體創作平台

　　在網路及通訊科技迅速進展的情勢下，我們即將進入全新的Web 3.0時代，Web 3.0跟Web 2.0的核心精神一樣，仍然不是技術的創新，而是思想的創新，強調的是任何人在任何地點都可以創新，而這樣的創新改變，也使得各種網路相關產業開始轉變出不同的樣貌。Web 3.0能自動傳遞比單純瀏覽網頁更多的訊息，還能提供具有人工智慧功能的網路系統，隨著網路資訊的爆炸與泛濫，整理、分析、過濾、歸納資料更顯得重要，網路

也能越來越了解你的偏好,而且基於不同需求來篩選,同時還能夠幫助使用者輕鬆獲取感興趣的資訊。

Web 3.0時代,許多電商網站還能根據網路社群來提出行銷建議

> **Tips**
>
> 　　人工智慧(Artificial Intelligence, AI)的概念最早是由美國科學家John McCarthy於1955年提出,目標為使電腦具有類似人類學習解決複雜問題與展現思考等能力,舉凡模擬人類的聽、說、讀、寫、看、動作等的電腦技術,都被歸類為人工智慧的可能範圍。簡單地說,人工智慧就是由電腦所模擬或執行,具有類似人類智慧或思考的行為,例如推理、規劃、問題解決及學習等能力。

1-2-4 認識部落格

Blog是Weblog的簡稱，是一種較爲早期的網路社群應用，就算不懂任何網頁編輯技術的一般使用者也能自行建立自己的專屬的創作站台。並且能夠在網路世界裡與他人分享自己的生活感想、心情記事等，這是繼2000年網路泡沫化後，另一波網路社群平台的路線發展。通常傳統的部落格使用者多半是使用固定一處的個人電腦作爲書寫的工具，當行動通訊設備普及所興起的行動部落格潮流後，則可以不限時間地點的隨時寫下內容，隨時隨地都能上網分享自己的創作。部落格絕大多數是業餘者的分享，最早出現的作用是讓網友在網路上寫日誌，分享自己對某些事務或話題的實際經驗與個人觀點。

部落格常用來記載每個人的心情故事

自從網路購物成爲一種消費型態之後，有越來越多的企業已經開始逐步思考與建立企業的部落格行銷模式。傳統統一播放式的行銷模式，是代

表由上而下、由商家至消費者的一貫運作機制，多半注重於銷售者目標的達成與宣傳。這個以製造者或銷售者為出發點的理論，對於現在接受新事物程度較高的網路e世代消費者而言，強迫性的洗腦式廣告已經起不了作用。正如同電子商務大幅改變了傳統的零售業銷售方式，部落格的興起也曾經掀起一波風起雲湧的企業社群行銷與宣傳模式，更重要的是它將網路倍速連結、散布的功能發揮到了極致。

通常最常被用來做企業部落格行銷的方式，是企業將商品或是產品活動，放到部落格上，並吸引消費者上來討論，讓部落格同時具備了商品的生產者與消費者的角色。部落格的情感行銷魅力，源自其背後進入的低門檻和網路無遠弗屆的影響力。好比正從提供網友分享個人日誌的「心情故事」，擴散成充滿無限商機的「行銷媒體」。

部落格行銷的範例

不過自從社群網站Facebook和Instagram的崛起，許多人認為部落格將逐漸消失在網路的舞台，其實部落格這種屬於早期社群網路的模式，反而不會被用戶的人際關係所侷限，能以另一種開放式呈現方式補足社群網站行銷缺口。「全新痞客邦（Beta）」就是結合「興趣牆」、「邦邦」、「部落格」三大服務，除了讓一般使用者擁有更好的瀏覽和互動體驗，更將優質內容推送給感興趣族群，並形成良好的社群循環。

1-2-5 微網誌

微網誌，即微部落格的簡稱，是一個基於使用者關係的訊息分享、傳播以及取得平台。微網誌從幾年前於美國誕生的Twitter（推特）開始盛行，相對於部落格需要長篇大論來陳述事實，微網誌強調快速即時、字數限定在一百多字以內，簡短的一句話也能引發網友熱烈討論。目前台灣較受歡迎的微網誌，大致有噗浪（Plurk）、推特（Twitter），這些微網誌皆為免費服務。

Tips

推特（Twitter）是國外的一個社群網站，允許用戶將自己的最新動態和想法以輸入最多140字的文字更新形式發送給手機和個性化網站群，有點像是隨手記事的個人專屬留言版，不過這個留言版是公開的，由於簡短好用，和朋友互動會更為頻繁。將人與人的聊天哈拉聯結成網路話題，並達到商業資訊交流的功能，甚至可以與手機形成更為緊密的關聯。

前美國總統川普經常在推特上發文表達政見

　　例如Plurk中文叫「噗浪」，也是一種微網誌，在Plurk上面活動的人又叫「噗浪客」，而Plurk上的網友叫「噗友」。其實Plurk噗浪就是一種兼具交友及聊生活點滴或傳送相關訊息的網站，在這個網站也可以聊一些八卦，甚至國外的最近新聞、資訊、生活科技、八卦或新知，在國內新聞還沒報導前，或許早在Plurk噗浪早已傳開。噗浪網站創設可說是完全創新的概念，立刻吸引了大批商店與企業進駐，目的不外乎是希望藉由社群的人氣，增加網友們對於企業品牌的印象。

　　噗浪最大的特色就是在一條時間河上顯示了自己與好友的所有訊息。噗浪行銷最大功用就是與跟隨者即時互動，允許多人在同一則文章內相互討論的功能，獨創的Karma值制度，只要每天固定和其他網友進行互動的人，就可以慢慢提升Karma值，在達到某個標準，就可以開啓進階的功能，也增加了使用者的黏著度。

先請連上http://www.plurk.com/，先註冊自己的噗浪帳號

1-2-6 新媒體與自媒體

　　隨著Web技術的快速發展，打破過去被傳統媒體壟斷的藩籬，與新媒體息息相關的各個領域出現了日新月異的變化，而這一切轉變主要是來自於網路的大量普及。「新媒體」可以視為是一種結合了電腦與網路新科技，讓使用者能有完善分享、娛樂、互動與取得資訊的平台，具有資訊分享的互動性與即時性。今天以網路為主的新媒體，更是現代網路行銷成長的重要推手，傳統媒體也受到了威脅而逐漸式微，因為在網路工具的精準分析下，新媒體能夠創造更有價值的潛在客群。

　　傳統媒體要面對的問題，不僅是網路新科技的出現，更是閱聽大眾本質的改變，他們已經從過去的被動接收逐漸轉變成主動傳播，這種轉變對於傳統媒體來說既是危機，也是新的轉機，如果說傳統媒體提供了資訊，那麼新媒體除了資訊之外，也提供了閱聽者體驗，例如目前炙手可熱的臉

書、推特、Instagram、Youtube等都算是新媒體的一種。

同時這也是人人自媒體（we media）的時代，簡單來說，一般民眾都能自行發表親身經歷、所聞所見，也就是每個人都具有成為媒體的特性，或者稱為「品牌自營媒體」（owned media）。越來越多創作者開始展露頭角，許多人藉由自媒體培養一票死忠粉絲與客戶，希望藉由自媒體創造發揮專長的舞台，提高接案機會及增加收入，並且實現人生目標。自媒體就好像專門為你設立的舞台，經營自媒體就是要透過社群和其他人展現你的專業或是生活大小事，你能親手布置場景、設計橋段及表演內容，在這裡充分發揮自身潛力及才能，並透過無遠弗屆的網路將理念傳遞出去，才能成功塑造個人品牌。

自媒體時代產生了大量的素人網紅

1-3 網路經濟到粉絲經濟

　　十九世紀時蒸氣機的發明帶動了工業革命，在二十一世紀的今天，網際網路的發展則帶動了人類空前未有的網路經濟革命。隨著電腦的平價化、作業系統操作簡單化等推波助瀾種種因素組合起來，也同時帶動了網路經濟的盛行，不但改變了企業經營模式，也改變了大眾的消費模式。

聯合新聞網是線上內容提供者（ICP），也是網路經濟體系下的產物

Tips

　　「梅特卡夫定律」（Metcalfe's Law）：1995年的10月2日是3Com公司的創始人，電腦網路先驅羅伯特‧梅特卡夫（B. Metcalfe）於專欄上提出網路的價值是和使用者的平方成正比，稱為「梅特卡夫定律」（Metcalfe's Law），是一種網路技術發展規律，也就是

> 使用者越多，其價值便大幅增加，產生大者恆大之現象，對原來的使
> 用者而言，反而產生的效用會越大。

1-3-1 網路經濟新世代

　　基本上，網路經濟是一種分散式的經濟，帶來了與傳統經濟方式完
全不同的改變，最重要的優點就是可以去除傳統中間化，降低市場交易成
本，對於整個經濟體系的市場結構也出現了劇烈變化，這種現象讓自由市
場更有效率地靈活運作。

　　在傳統經濟時代，價值來自產品的稀少珍貴性，對於網路經濟所帶來
的「網路效應」（Network Effect）而言，有一個很大的特性就是在這個
體系下的產品的價值取決於其總使用人數，透過網路無遠弗屆的特性，一
旦使用者數目跨過門檻，換言之，也就是越多人有這個產品，那麼它的價
值自然越高。網際網路的快速發展產生了新的外部環境與經濟法則，全面
改變了世界經濟的營運法則，更帶來如共享經濟（Sharing Economy）這
樣的創新應用模式。

Tips

　　共享經濟的模式取決於建立互信，以合理的價格與他人共享資
源，同時讓閒置的商品和服務創造收益，讓有需要的人得以較便宜
的代價借用資源。例如類似計程車「共乘服務」（Ride-sharing Ser-
vice）的Uber，絕大多數的司機都是非專業司機，開的是自己的車
輛，大家可以透過網路平台，只要家中有空車，人人都能提供載客服
務。

Uber提供比計程車更為優惠的價格與付款方式

Tips

　　擾亂定律（Law of Disruption）是由唐斯及梅振家所提出，結合了「摩爾定律」與「梅特卡夫定律」的第二級效應，主要是指出社會、商業體制與架構以漸進的方式演進，但是科技卻以幾何級數發展，社會、商業體制都已不符合網路經濟時代的運作方式，遠遠落後於科技變化速度，當這兩者之間的鴻溝越來越擴大，使原來的科技、商業、社會、法律間的漸進式演化平衡被擾亂，因此產生了所謂的失衡現象與鴻溝（Gap），就很可能產生革命性的創新與改變。

1-3-2 網路消費者特性

　　網際網路的迅速發展改變了科技改變企與顧客的互動方式，創造出不同的服務成果，由於消費者特性以及購買行為永遠是店家及品牌所關注的焦點，我們要做好網路行銷工作，就必須對網路消費者的輪廓和特性進行分析與了解，進而利用更積極的重要設計，來減輕購物過程的疼痛點。由於一般消費者之購物決策過程，是由廠商將資訊傳達給消費者，並經過一連串決策心理的活動，然後付諸行動，我們知道傳統消費者行為的AIDA模式，主要是期望能讓消費者滿足購買的需求，所謂AIDA模式說明如下：

■ 注意（Attention）：網站上的內容、設計與活動廣告是否能引起消費者注意。

■ 興趣（Interest）：產品訊息是不是能引起消費者興趣，包括產品所擁有的品牌、形象、信譽。

■ 渴望（Desire）：讓消費者看產生購買慾望，因為消費者的情緒會去影響其購買行為。

■ 行動（Action）：使消費者產立刻採取行動的作法與過程。

Tips

　　「公司遞減定律」（Law of Diminishing Firms）是指由於摩爾定律及梅特卡菲定律的影響之下，網路經濟透過全球化分工的合作團隊，加上縮編、分工、外包、聯盟、虛擬組織等模式運作，將比傳統業界來的更為經濟有績效，進而使得現有公司的規模有呈現逐步遞減的現象。

　　全球網際網路的商業活動，尚在持續成長階段，同時也促成消費者購買行為的大幅度改變，網路購物的主要優點是產品多樣化選擇，網路商店

CHAPTER

1

之經營時間是全天候，消費者可以隨時隨地利用跨國界網際網路。網路的價值在於這群人共同建構了錯綜複雜的人際網路。當線上與線下交會於現實生活中，越來越多的人口將能接觸到網際網路的訊息，重新解讀消費者交易流程便很重要，根據各大國外機構的統計，網路消費者以30～49歲男性為領先，教育程度則以大學以上為主，充分顯示出高學歷、高薪資與相關業界專才及學生，每每為網路購物之主要顧客群。

相較於傳統消費者來說，隨著購買頻率的增加，消費者會逐漸累積購物經驗，而這些購物經驗會影響其往後的購物決策，網路消費者的模式就多了兩個S，也就是AIDASS模式，代表「搜尋」（Search）產品資訊與「分享」（Share）產品資訊的意思。網路消費的主要優點是產品多樣化選擇，各位平時有沒有一種經驗，當心中浮現出購買某種商品的慾望，你對商品不熟，通常會不自覺打開Google、臉書、IG或搜尋各式網路平台，搜尋網友對購買過這項商品的使用心得或相關經驗，或專注在「特價優惠」的網路交易，購物者通常都會投入很多時間在這個產品搜尋的過程，特別是年輕購物者都有行動裝置，很容用來尋找最優惠的價格，所以搜尋（Search）是網路消費者的一個重要特性。

喜歡分享（Share）也是網路消費者的另一種特性之一，網路最大的特色就是打破了空間與時間的藩籬，與傳統媒體最大的不同在於「互動性」，由於大家都喜歡在網路上分享與交流，分享（Share）是行銷的終極武器，除了能迅速傳達到消費族群，也可以透過消費族群分享到更多的目標族群裡。

1-3-3 粉絲經濟的來臨

社群發展所產生的現象能讓一群有共同價值主張、相同趣味的人建立情感關係，產品與消費者之間不再是單純功能上的連結，社群的概念進而從社會學領域擴展到經濟領域。全球產業數位化，從電子商務轉型到行動商務，更是不可逆的趨勢，特別是因為行動網路技術的推動，手機已經成

為現代每個人身體上的一個器官，賦予社群有了更巨大的經濟價值。零售
4.0時代是在「社群」與「行動載具」的迅速發展下，朝向行動裝置等多
元銷售、支付和服務通路，群眾力量能載舟也能覆舟，抓住小眾也能變大
眾，消費者掌握了主導權，再無時空或地域國界限制，正為社群經濟帶來
新的面貌及機會，網路社群與行動行銷結合將是未來一個商務重要發展方
向。

Tips

　　「同溫層」（stratosphere）所揭示的是一個心理學上的問題，也
就是人們只願意接受與自己立場相近的觀點，對於不同觀點的事物，
選擇性地忽略，進而促成一個封閉的同溫層。

　　所謂粉絲經濟的定義是基於社群而形成的一種經濟思維，透過交
流、推薦、分享、互動，最後產生購買行為所產生的商務模式。新興的社
群經濟是網路經濟下的進化版，社群經濟賦予了產品更多的靈魂，如口
碑、文化、魅力等，社群經濟作為一種新市場的本質，不但是一種聚落型
經濟，社群成員之間的互動是社群經濟運作的動力來源。

　　由於社群網站的崛起、推薦分享力量的日益擴大，例如粉絲經濟就是
一種新的社群經濟形態，泛指架構在粉絲（Fans）和被關注者關係之上的
經營性創新行為，品牌和粉絲就像一對戀人，在這個時代做好粉絲經營，
要知道粉絲到社群是來分享心情，而不是來看廣告，現在的消費者早已厭
倦了老舊的強力推銷手法，唯有仔細傾聽彼此需求，關係才能走得長遠。

CHAPTER

1

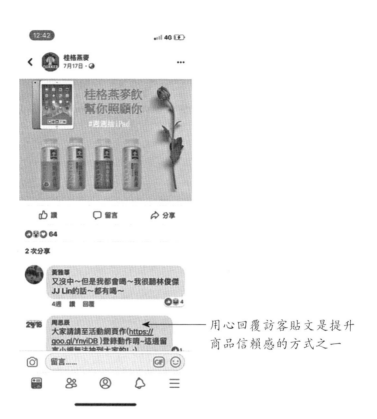

用心回覆訪客貼文是提升
商品信賴感的方式之一

桂格燕麥粉絲專頁經營就相當成功

1-3-4 P2P網路借貸

P2P（Peer to Peer）是一種點對點分散式網路架構，可讓兩台以上的電腦，藉由系統間直接交換來進行電腦檔案和服務分享的網路傳輸型態。隨著「金融科技」（FinTech）與社群商務熱潮席捲全球，P2P網路借貸（Peer-to-Peer Lending）就是由一個網路與社群平台作為中介業務，和傳統借貸不同，特色是個體對個體的直接借貸行為，如此一來金錢的流動就不需要透過傳統的銀行機構，主要是個人信用貸款，網路就能夠成為交易行為的仲介，這個平台會透過社群，提供借貸雙方彼此的信用評估資料，

去除銀行中介角色，讓雙方能在平台上自由媒合，雙方包括自然人以及法人，而且只有借貸雙方會牽涉到金流，平台只會提供媒合服務，因為免去了利差，通常可讓信貸利率更低，貸款人就可以享有較低利率，放款的投資人也能更靈活地運用閒置資金，享有較高之投資報酬。

台灣第一家P2P借貸公司

Tips

金融科技（Financial Technology, FinTech）是指一群企業運用科技進化手段來讓各式各樣的金融服務變得更有效率，簡單來說，現代金融科技引發了許多破壞式創新，都是這個趨勢所應運出新服務的角色。例如大家耳熟能詳的PayPal是全球最大的線上金流系統與跨國線上交易平台，屬於ebay旗下的子公司，可以讓全世界的買家與賣家自

由選擇購物款項的支付方式。各位只要提供PayPal帳號即可，購物時所花費的款項將直接從餘額中扣除，或者PayPal餘額不足的時候，還可以直接從信用卡扣付購物款項。

1-4 行動社群簡介

行動購物已經成為現代人的流行風潮

自從2015年開始，行動商務的使用者人數，開始呈現爆發性的成長，現代人人手一機，公車上、人行道、辦公室，處處可見埋頭滑手機的低頭族，隨著越來越多網路社群提供了行動版的行動社群，透過手機使用社群的人口正在快速成長，特別是年輕人愛行動購物創造社群行動力是關

鍵，快速形成所謂行動社群網路（mobile social network），不但是一個消費者習慣改變的結果，資訊也具備快速擴散及傳輸便利特性。

1-4-1 SoLoMo模式

　　行動社群逐漸在行銷應用服務的領域中受到矚目性地討論，身處行動社群網路時代，有許多店家與品牌在SoLoMo（Social、Location、Mobile）模式中趁勢而起，今日的消費者利用行動裝置，隨時隨地獲取最新消息，讓商家更即時貼近目標顧客與族群，產生隨時隨地的互動與溝通。例如各位想找一家性價比高的餐廳用餐，透過行動裝置上網與社群分享的連結，然而藉由適地性（LBS）找到附近的口碑不錯的用餐地點。

Tips

　　KPCB合夥人約翰、杜爾（John Doerr）在2011年提出的一個趨勢概念，強調「在地化的行動社群活動」，主要是因為行動裝置的普及和無線技術的發展，讓 Social（社群）、Local（在地）、Mobile（行動）三者合一能更為緊密結合，顧客會同時受到社群（Social）、行動裝置（Mobile）、以及本地商店資訊（Local）的影響。

　　「適地性服務」（Location Based Service, LBS）或稱為「定址服務」，就是行動領域相當成功的環境感知的種創新應用，就是指透過行動隨身設備的各式感知裝置，例如當消費者在到達某個商業區時，可以利用手機等無線上網終端設備，快速查詢所在位置周邊的商店、場所以及活動等即時資訊。

　　例如場域行銷就是透過定位技術（LBS），把人限制在某個場域裡，無論在捷運、餐廳、夜市、商圈、演唱會等場域，都可能收到量身訂做的專屬行銷訊息，舊式大稻埕是台北市第一個提供智慧場域行銷的老商圈，

配合透過布建於店家的Beacon，藉由Beacon收集場域的環境資訊與準確的行銷訊息交換，夠精準有效導引遊客及消費者前往店家，並提供逛商圈顧客更美好消費體驗，讓示範性場域都有良好成效。

大稻埕是台北市第一個提供智慧場域行銷的老商圈

Tips

　　Beacon是種低功耗藍牙技術（Bluetooth Low Energy, BLE），藉由室內定位技術應用，可做為物聯網和大數據平台的小型串接裝置，具有主動推播行銷應用特性，比GPS有更精準的微定位功能，可以包括在室內導航、行動支付、百貨導覽、人流分析，及物品追蹤等近接感知應用。

　　面對行動社群行銷的時代來臨，從電視、桌機、再到智慧手機，與我們生活緊密相連的螢幕變得越來越小了，行銷人員面臨數位通路的擴張與消費者互動頻率提升，隨著5G行動寬頻時代來臨，將加速過去固定寬頻上的內容與服務，全面朝向行動化應用領域發展。

1-4-2 行動裝置服務平台

　　由於智慧型手機能夠依使用者的需求，任意安裝各種應用軟體，為了增加作業系統的附加價值，各家公司都針對其行動裝置作業系統推出了線上服務的平台。各家線上服務平台提供了多樣化的應用軟體、遊戲等。讓消費者在購買其智慧型手機後，能夠方便的下載其所需求的各式服務。

　　隨著智慧型手機越來越流行，更帶動了App的快速發展，當然其他各廠牌的智慧型手機也都如雨後春筍般的推出。App就是Application的縮寫，也就是行動式設備上的應用程式，也就是軟體開發商針對智慧型手機及平版電腦所開發的一種應用程式，App涵蓋的功能包括了圍繞於日常生活的的各項需求。App市場交易的成功，帶動了如「憤怒鳥」（Angry Bird）這樣的App開發公司爆紅，讓App下載開創了另類的行動商務模式。

■ App Store

　　App Store是蘋果公司針對其下使用iOS作業系統的系列產品，iPod、iPhone、iPAD等，所開創的一個讓網路與手機相融合的新型經營模式，讓iPhone用戶可透過手機或上網購買或免費試用裡面的軟體，與Android的開放性平台最大不同，App Store上面的各類App，都必須經過蘋果公司工程師的審核，確定沒有問題才允許放上App Store讓使用者下載，也是一種嶄新的行動商務模式。各位只需要在App Store程式中點幾下，就可以輕鬆的更新並且查閱任何軟體的資訊。App Store除了將所販售軟體加以分類，讓使用者方便尋找外，還提供了方便的金流處理方式和軟體下載安裝方式，甚至有軟體評比機制，讓使用者有選購的依據。

CHAPTER

1

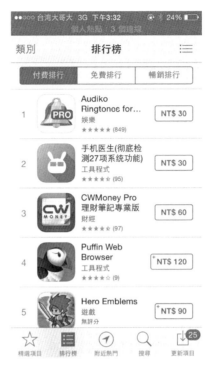

App Store首頁畫面

Tips

　　目前最當紅的手機iPhone就是使用原名為iPhone OS的iOS的智慧型手機嵌入式系統，可用於iPhone、iPod touch、iPad與Apple TV，最新的iPhone X所搭載的iOS 16是一款全面重新構思的作業系統，除了充分利用Face ID和Touch ID的安全防護機制作先進的認證，還可以把你喜愛的Live Photo變成有趣的循環影片，全新的Siri亦變的更聰明，更新增了內置的翻譯功能。

■ Google play

　　Google也推出針對Android系統所提供的一個線上應用程式服務平台──Google Play，透過Google Play網頁可以尋找、購買、瀏覽、下載及評級使用手機免費或付費的App和遊戲，Google Play為一開放性平台，任何人都可上傳其所發發的應用程式，有鑒於Android平台的手機設計各種優點，可見的未來將像今日的PC程式設計一樣普及。

Google Play商店首頁畫面

Tips

　　Android早期由Google開發，後由Google與十數家手機業者所成立的開放手機（Open Handset Alliance）聯盟所開發，並以Java作為開發語言。Android 是目前在行動通訊領域中最受歡迎的平台之一，

也帶動了手機與數位娛樂新平台的新戰場。以往講到智慧型手機，大家第一個想到的應該是iPhone，但是自從Google推出Android系統之後，就完全巔覆了智慧型手機的市場版圖。

1-4-3 全通路模式 ── O2O/O2M

在今天「社群」與「行動裝置」的迅速發展下，零售業態已進入4.0時代，宣告零售業正式蛻變爲成全通路（Omni-Channel）的虛實整合型態，全通路與過去通路型態的最大不同是專注於成爲全管道、全天候、全頻道的消費年代，使得消費者無論透過桌機、智慧型手機或平板電腦，都能隨時輕鬆上網購物。

> **Tips**
>
> 零售4.0是一種洞悉消費者心態大與新興科技結合的零售業革命，消費者掌握了主導權，再無時空或地域國界限制，從虛實整合到朝向全通路（Omni-Channel），迎接以消費者爲主導的無縫零售時代。

■ O2O模式

根據Google的報告，有84%的消費者到實體店面時，會用手機搜尋網路社群相關資訊，包括從產品資訊、口碑收集、客服互動乃至付款取貨，透過手機消費的人也越來越多，要如何透過行銷策略來整握網路社群龐大的聚合力量勢必是目前網路店家與品牌的重要課題。例如行動社群行銷目前已經逐漸發展出創新的離線商務模式（Online To Offline: O2O），透過更多的虛實整合，全方位滿足顧客需求。O2O就是整合「線上（Online）」與「線下（Offline）」兩種不同平台所進行的一種行銷模式，因

爲消費者也能「Always Online」，讓線上與線下能快速接軌，透過改善線上消費流程，直接帶動線下消費，消費者可以直接在網路上付費，而在實體商店中享受服務或取得商品，全方位滿足顧客需求。

買家於虛擬通路（Online）付費購買，後至實體商店（Offline）取貨

簡單來說，O2O模式就是消費者在虛擬通路（Online）付費購買，然後再親自到實體商店（Offline）取貨或享受服務的新興電子商務模式。O2O能整合實體與虛擬通路的O2O行銷，特別適合「異業結盟」與「口碑銷售」，因為O2O的好處在於訂單於線上產生，每筆交易可追蹤，也更容易溝通及維護與用戶的關係，反而傳統交易因為較無法掌握消費者的個人資料與喜好。我們以提供消費者24小時餐廳訂位服務的訂位網站「EZ-

TABLE 易訂網」為例，易訂網的服務宗旨是希望消費者從訂位開始就是一個很棒的體驗，除了餐廳訂位的主要業務，後來也導入了主動銷售餐券的服務，不僅滿足熟客的需求，成為免費宣傳，也實質帶進訂單，並拓展了全新的營收來源。

■ O2M行銷

今天的行動社群行銷更朝虛實整合O2M體驗發展，包括流暢地連接瀏覽商品到消費流程，線上線下無縫整合的行銷體驗。所謂O2M是線下（Offline）與線上（Online）和行動端（Mobile）進行互動，從本質上講，O2M是O2O的升級，或稱為OMO（Offline Mobile Online），也就是Online（線上）To Mobile（行動端）和Offline（線下）To Mobile（行動端）並在行動端完成交易，與O2O不同，O2M更強調的是行動端，打造線上-行動-線下三位一體的全通路模式，形成實體店家、網路商城、與行動終端深入整合行銷，並在線下完成體驗與消費的新型交易模式。

台灣最大的網路書店「博客來」所推出的App「博客來快找」，可以讓使用者在逛書店時，透過輸入關鍵字搜尋以及快速掃描書上的條碼，然後導引你在博客來網路上購買相同的書，完成交易後，會即時告知取貨時間與門市地點，並享受到更多折扣。

博客來的OMO快找模式還會幫忙搶實體書店中客戶的訂單

1-5 行動支付的熱潮

行動時代已經正式來臨了，根據各項數據都顯示消費者已經使用手機來處理生活中的大小事情，甚至包括了購物與付款。所謂「行動支付」（Mobile Payment），就是指消費者通過手持式行動裝置對所消費的商品或服務進行賬務支付的一種支付方式。自從金管會宣布開放金融機構申請

辦理手機信用卡業務開始，正式宣告引爆全台「行動支付」的商機熱潮，成功地將各位手上的手機與錢包整合，真正出門不用帶錢包的時代來臨！就消費者而言，可以直接用手機刷卡、轉帳、優惠券使用，甚至用來搭乘交通工具，台灣開始進入行動支付時代。對於行動支付解決方案，目前主要是以NFC（近場通訊）、條碼支付與QR Code三種方式為主。

1-5-1 NFC行動支付

　　NFC（Near Field Communication，近場通訊）是由PHILIPS、NOKIA與SONY共同研發的一種短距離非接觸式通訊技術，可在您的手機與其他NFC裝置之間傳輸資訊。至於NFC最近會成為市場熱門話題，主要是因為其在行動支付中扮演重要的角色，NFC手機進行消費與支付已經是一個全球發展的趨勢。對於行動支付來說，只要您的手機具備NFC傳輸功能，就能向電信公司申請NFC信用卡專屬的SIM卡，再將NFC行動信用卡下載於您的數位錢包中，購物時透過手機感應刷卡，輕輕一嗶，結帳快速又安全。例如中華電信與悠遊卡公司聯名合作推出「Easy Hami」錢包App，只要具有中華電信門號之NFC SIM卡，即可透過Easy Hami手機錢包開啟悠遊電信卡功能，還可提供選擇不同優惠功能的卡片消費，輕鬆掌握一機多卡的便利性。

Tips

　　Apple Pay是Apple的一種手機信用卡付款方式，只要使用該公司推出的iPhone或Apple Watch（iOS 9以上）相容的行動裝置，並將自己卡號輸入iPhone中的Wallet App，經過驗證手續完畢後，就可以使用Apple Pay 來購物，還比傳統信用卡來得安全。

1-5-2 QR Code支付

　　在這QR碼被廣泛應用的時代，未來商品也將透過QR碼的結合行動支付應用。例如玉山銀與中國騰訊集團的「財付通」合作推出QR Code行動付款，陸客來台觀光時滑手機也能買台灣貨，只要下載QRCode的免費App，並完成身分認證與鍵入信用卡號後，此後不論使用任何廠牌的智慧

型手機，就可在特約商店以QR Code App掃描讀取台灣商品的方式再完成交易付款，也能人民幣直接付款，貨物直送大陸，開啓結合兩岸的行動支付與行動商務的交易模式，達到了「一機在手，即拍即付」的便利性。

南韓特易購（Tesco）透過QR Code可以邊等地鐵邊購物

1-5-3 條碼支付

　　條碼支付近來也在世界各地掀起一陣旋風，各位完全不需要額外申請手機信用卡，同時支援Android系統、iOS系統，也不需額外申請SIM卡，免綁定電信業者，只要下載App後，以手機號碼或Email註冊，接著綁定手邊信用卡或是現金儲值，手機出示付款條碼給店員掃描，即可完成付款。條碼行動支付現在最廣泛被用在便利商店，不僅可接受現金、電子票證、信用卡，還與多家行動支付業者合作，目前有「GOMAJI」、「歐付寶」、「Pi行動錢包」、「街口支付」、「LINE Pay」及甫上線的「YA-HOO超好付」等6款手機支付軟體。例如LINE Pay主要以網路店家爲主，將近200個品牌都可以支付。

Pi行動錢包，讓你輕鬆拍安心付

本章習題

1. 請簡述Web 3.0的精神。

2. 試說明Web 2.0與Web 1.0的意義與差別。

3. 請簡介梅特卡夫定律。

4. 何謂網路經濟（Network Economy）？網路效應（Network Effect）？

5. 什麼是金融科技（Financial Technology, FinTech）？

6. QR-Code行動支付的優點有哪些？

7. 試說明OMO（offline-mobile-online）。

第二章

社群行銷的必修入門攻略

　　隨著網際網路及社群商務的崛起，也興起了社群行銷的模式。近年來越來越多各種不同的網路社群針對特定議題交流意見，形成一股新興流行，嘗試來提供企業更精準洞察消費者的需求，並帶動網站商品的社群行銷效益。從品牌或店家的角度來說，社群的確是目前最具行銷穿透力的利器之一，不但在網路上可產生絕佳創意的資訊來源，同時也最具即時性的市場資訊回饋機制，並創造一種足以吸引消費者信任品牌的情境與感受。例如幾年前台灣本土發生的318太陽花學運，也讓我們看到了社群媒體所爆發的巨大力量，當時臉書就像個強大的傳播機器，透過朋友間串連、分享、社團、粉絲頁，與臉書上懶人包與動員令的高速傳遞，創造了互動性與影響力強大的平台，打造了整個318事件的資訊入口。社群讓這場學運，能真正主動掌握發言權，因此才能快速地將參與者的力量匯聚起來。

社群行銷活動已經和現代人日常生活行影不離

2-1 行銷學與社群

　　行銷的英文是Marketing，簡單來說，就是「開拓市場的行動與策略」，基本上的定義就是將商品、服務等相關訊息傳達給消費者，而達到交易目的的一種方法或策略。彼得‧杜拉克（Peter Drucker）曾經提出：「行銷（marketing）的目的是要使銷售（sales）成為多餘，行銷活動是要造成顧客處於準備購買的狀態。」現代人每天的食衣住行受到行銷活動的影響既深且遠，如何建立一個可讓顧客直接找到你的品牌或店家的管道非常重要。在傳統的商品行銷策略中，大都是採取一般媒體廣告的方式來

進行，例如報紙、傳單、看板、廣播、電視等媒體來進行商品的宣傳，或者實際舉行所謂的「產品發表會」來與消費者面對面的行銷。這些以文字及圖形呈現的行銷傳播溝通模式範圍通常會有地域與時間上的限制，而且所耗用的人力與物力的成本也相當高。所謂「社群行銷」（Social Media Marketing），就是藉由行銷人員將創意、商品及服務等構想，利用通訊科技、廣告促銷、公關及活動方式在網社群上執行。簡單的說，由於社群網路服務具有互動性，行銷管道必須往社群發展，才能加強黏著性，創造更多營收。

2-1-1 品牌與差異化策略

　　行銷不只是一種網路商務工具的應用模式，也能促進眞實世界的銷售與客戶經營，並達到提升黏著度、強化品牌知名度與創造品牌價值。現代的行銷最後目的，我們可以這樣形容：「行銷是手段，品牌才是目的！」品牌或商品透過網社群行銷儼然已經成爲一股顯學，近年來已經成爲一個熱詞進入越來越多商家與專業行銷人的視野。

許多默默無名的品牌透過社群行銷而爆紅

　　品牌（Brand）就是一種識別標誌，也是一種企業價值理念與商品質優異的核心體現，甚至品牌已經成長為現代企業的寶貴資產，品牌建立的目的即是讓消費者無意識地將特定的產品意識或需求與品牌連結在一起。我們可以形容品牌就是代表店家或企業你對客戶的一貫承諾，最終目的不只是追求銷售量與效益，而是重新思維與定位自身的品牌策略。

　　隨著目前社群的影響力越大，培養和創造品牌的過程是一種不斷創新的過程。在產品行銷的層面上，有些是天條，不能違背，例如「互動」，溝通絕對是經營品牌的必要成本，最重要的是要能與消費者引發「品牌對話」的效果。過去企業對品牌常以銷售導向做行銷，忽略顧客對品牌的定位認知跟了解，其實做品牌就必須先想到消費者的獨特需求是什麼，而不能只想自己會生產什麼。

　　品牌行銷是使客戶形成對企業品牌和產品的認知過程，品牌行銷要成功，首先要改變傳統思維，社群工具運用之好壞會直接影響到品牌在市

可口可樂成功的關鍵就在於帶給消費者對品牌的歸屬感

場上表現，塑造差異化是一件相當重要的事情，成功的關鍵在於與客戶建立連結，所謂「戲法人人會變，各有巧妙不同」。在現今消費者如此善變的時代，顧客對你的第一印象取決於你們品牌行銷的成效，而且品牌滿足感往往驅動消費者下一次回購的意願，例如美國知名的可口可樂與百事可樂，這兩個同樣都是知名的飲料，做為世界第一流品牌的可口可樂在品牌行銷策略強調的是快樂與分享，而百事可樂營造的就是渴望無限的年輕與活力，當然所產生的績效與效應也就大不相同。

企業所面臨的市場就是一個不斷變化的環境，而網路消費者也變得越來越聰明，消費者對你的第一印象取決於店家品牌行銷的成效。毫無疑問的，最核心以及最優先的部分是「差異化策略」，簡單來說，如果能找出市場中尚未被滿足的空間，就有可能出奇制勝，透過環境分析階段了解所處的市場位置，對於不同的目標，你需要有多個廣告活動，以及對應不同意圖的目標受眾，再透過品牌行銷規劃競爭優勢與精準找到目標客戶。

舒酸定牙膏成功以差異化行銷策略打響牙膏品牌

Tips

　　克里斯・安德森（Chris Anderson）提出的長尾效應（The Long Tail）的出現，也顛覆了傳統以暢銷品為主流的觀念。由於實體商店都受到80/20法則理論的影響，多數都將主要企業資源投入在20%的熱門商品（big hits），不過只要企業市場或通路夠大，透過網路科技的無遠弗屆的伸展性，這些涵蓋不到的80%冷門市場也不容小覷。長尾效應其實是全球化所帶動的新現象，因為能夠接觸到更大的市場與更多的消費者，過去一向不被重視，在統計圖上像尾巴一樣的小眾商品可能就會成為意想不到的大商機。

2-1-2 行銷的4P組合

　　行銷人員在推動行銷活動時，最常提起的就是「行銷組合」（marketing mix），所謂行銷組合，各位可以看成是一種協助企業建立各市場系統化架構的元件，藉著這些元件來影響市場上的顧客動向。美國行銷學學者麥卡錫教授（Jerome McCarthy）在二十世紀的60年代提出了著名的4P行銷組合，所謂行銷組合的4P理論是指行銷活動的四大單元，包括產品（product）、價格（price）、通路（place）與促銷（promotion）等四項，也就是選擇產品、訂定價格、考慮通路與進行促銷等四種行銷策略，奠定了行銷基礎理論的框架，為企業思考行銷活動提高了便於記憶和傳播的方式，通常這四者要互相搭配，才能提高行銷活動的最佳效果。請看以下說明：

　　現代人每天的食衣住行育樂都受到行銷活動的影響，彼得‧杜拉克（Peter Drucker）曾經提出：「行銷（marketing）的目的是要使銷售（sales）成為多餘，行銷活動是要造就顧客處於準備購買的狀態。」這是一個人人都需要行銷的年代，沒有暢銷的商品，只有爆紅的行銷方法，我們可以這樣形容：在企業中任何支出都是成本，唯有行銷是可以直接幫你帶來獲利，市場行銷的真正價值在於為企業帶來短期或長期的收入和利潤的能力。

■ 產品（product）

　　隨著市場擴增及消費行為的改變，產品的選擇更關係了一家企業生存的命脈，一個成功的企業必須不斷地了解顧客對產品的需求，產品策略主要研究新產品開發與改良，包括了產品組合、功能、包裝、風格、品質、附加服務、產品生命週期及品牌策略等，把產品的功能訴求放在第一位。在行銷以前，請徹底了解你的產品特性及定位，例如星巴克咖啡在全球到處可見，對於產品定位就在不是只要賣一杯咖啡，而是賣整個店的咖啡體驗。把咖啡這種存在幾百年的古老產品，變成了擋不住的流行趨勢，改寫了現代人對咖啡的體驗與認知。

星巴克讓咖啡這項產品重新詮釋

■ 價格（price）

　　當有了可以販售的產品，接下來就要定出適當價格，因為價格高低會影響購買者的意願，我們都知道消費者對高品質、低價格商品的追求是永恆不變的。價格策略是唯一不花錢的行銷因素，選擇低價政策可能帶來「薄利多銷」的榮景，卻不容易建立品牌形象，高價政策則容易造成市場推廣上的障礙。調整價格對於市場策略往往會有立即的影響，必須建立在產品所帶來的價值及特性上，價格不單止是一個數字，這將決定利潤、供給、需求及市場定位，價格訂的太高或太低，都有可能失去部分的潛在消費者。

■ 通路（place）

通路是由介於廠商與顧客間的行銷中介單位所構成，通路運作的任務就是在適當的時間，把適當的產品送到適當的地點。企業與消費者的聯繫是透過通路商米進行，通路對銷售而言是很重要的一環，是由介於廠商與顧客間的行銷中介單位所構成，強調配銷、中間商選定、上架、運輸等。掌握通路就等於控制了產品流通的咽喉，只要是撮合生產者與消費者交易的地方，都屬於通路的範疇，也是許多品牌最後接觸消費者的行銷戰場。對以前傳統通路來說，消費地點都在實體店面發生，但消費的決策其實已經在消費者搜尋社群資訊的過程中完成。

■ 促銷（promotion）

促銷是將產品訊息傳播給目標市場的活動，指企業運用各種方式向目標市場傳遞產品或服務訊息，透過促銷活動試圖讓消費者購買產品以短期的行為來促成消費的增長，並將對往後的產品及品牌知名度、口碑、銷量等造成影響。每當經濟成長趨緩，消費者購買力減退，這時促銷工作就顯得特別重要，產品在不同的市場週期時要採用什麼樣的行銷活動，如何利用促銷手腕來感動消費者，讓消費者真正受益，並促其交易的一種溝通過程，實在是促銷活動中最為關鍵的課題。在逢年過節或大規模主題促銷活動中，大型連鎖店通常會藉由一些極低價格的商品來刺激消費者的購買衝動，例如美式大賣場好市多就經常以廣告、活動、公共關係、專案行銷等促銷活動來帶動業績成長。

好市多經常舉辦許多深受消費者歡迎的促銷活動

Tips

　　4P行銷組合是近代市場行銷理論最具劃時代意義的理論基礎，屬於站在產品供應端（supply side）的思考方向。但隨著網際網路與電子商務的興起，對於情況複雜的網路行銷觀點而言，4P理論的作用就相對要弱化許多，過去由生產者決定消費者需求的大眾行銷（mass marketing）時代早已落伍。1990年羅伯特・勞特朋（Robert Lauterborn）提出了與傳統行銷的4P相對應的4C行銷理論，分別為顧客（Customer）、成本（Cost）、便利（Convenience）和溝通（Communication），對於網路時代而言，促使行銷理論由原來的重心4P，逐漸往4C移動。

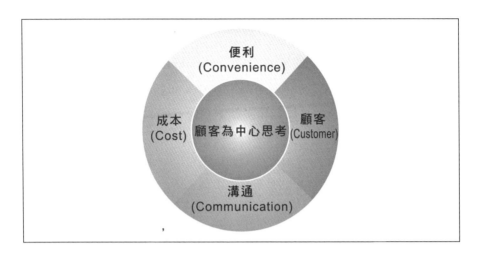

2-2 行銷策略規劃

　　社群行銷規劃與傳統行銷規劃大致相同，所不同的是網路上行銷規劃程序更重視顧客角度，美國行銷學家溫德爾・史密斯（Wended Smith）在1956年提出的S-T-P的概念，STP理論中的S、T、P分別是市場區隔（Segmentation）、目標市場目標（Targeting）和市場定位（Positioning）。

　　在擬定任何社群行銷策略規劃時，也可以先進行STP策略規劃，每個產品服務都可以運用STP精準做社群行銷，STP的精神是指企業在一定的市場區隔的基礎上，確定自己的目標市場與目標消費者，最後把產品定位在目標市場中的確定位置。有了社群，才有參與感與歸屬感，通常不論是開始行銷規劃或是商品開發，總之要讓消費者有所認同，第一步的思考都可以從STP著手，才可能在社群訊息引爆的今日嶄露頭角。

CHAPTER

2

> **ps**
>
> 　　全球知名的策略大師麥可‧波特（Michael E. Porter）於80年代提出以五力分析模型（Porter five forces analysis）作為競爭策略的架構，他認為有5種力量促成產業競爭，每一個競爭力都是為對稱關係，透過這五方面力的分析，可以測知該產業的競爭強度與獲利潛力，並且有效的分析出客戶的現有競爭環境。五力分別是供應商的議價能力、買家的議價能力、潛在競爭者進入的能力、替代品的威脅能力、現有競爭者的競爭能力。

2-2-1 市場區隔（Segmentation）

　　「市場區隔」（Segmentation）是指任何企業都無法滿足市場所有的需求，不是每一個上門的客人，都是你的顧客。市場區隔是確定目標市場的關鍵因素，企業在經過分析市場的機會後，要將消費者區分為不同群體。在此特別提醒大家，市場區隔是從消費者的角度進行劃分，針對不同屬性、需要、地理、人口、心理特徵或行為群體的消費者加以區分，通常多利用販售對象的需求來陳述區隔化，接著便在該市場中選擇最有利可圖的區隔市場，也就是說，跟競品盡量避開同一塊市場的競爭，以利於尋找目標客群。

佐丹奴的市場區隔策略相當成功

CHAPTER

2

2-2-2 市場目標（Targeting）

　　市場目標（Targeting）是指完成了市場區隔後，我們就可以依照我們的區隔來進行目標的選擇，替產品找對最恰當的目標市場，是邁向成功的第一步，也就是再從中選擇自己相對應的產品服務滿足，將目標族群進行更深入的描述品牌。選擇目標市場時，需要考慮能不能帶來獲利，設定哪些最可能族群，就其規模大小、成長、獲利、競爭者策略、店家本身目標資源、市場的穩定度等，未來發展性等構面加以評估，並考量公司企業的資源條件與既定目標，從中選擇適合的區隔做爲目標對象。台灣的西式速食產業之競爭一向激烈，丹丹漢堡面對廣大的消費者族群，主要以平價餐點爲主，單點價格約$20至$50，早餐優惠餐$35至$39。

丹丹漢堡的目標市場以學生和上班族為主

2-2-3 市場定位

　　市場定位（Positioning）是檢視公司商品能提供之價值，向目標市場的潛在顧客介紹商品的價值，也是企業在潛在顧客心目中獨特的風格或地位，市場定位是滿足消費者的最基本產品要求，也是STP的最後一步驟，就是針對作好的市場區隔及目標選擇，為自己立下一個明確不可動搖的品牌印象。透過定位策略，依據競爭對手的產品分析，評估自身在市場的位置，行銷人員可以讓企業的商品與眾不同，找出最適合自己的位置，並有效地與消費者進行溝通，簡單來說，差異化的特點才能勝出，擁有清楚的品牌形象，這就是定位。對於店家或品牌而言，如何為產品定位，是產品成功與否的重要因素，通常定位策略可以參考產品的重要屬性、價格或特

質、特定族群、地區與產品類別、競爭對手產品區隔、企業本身願景、目
標等條件。

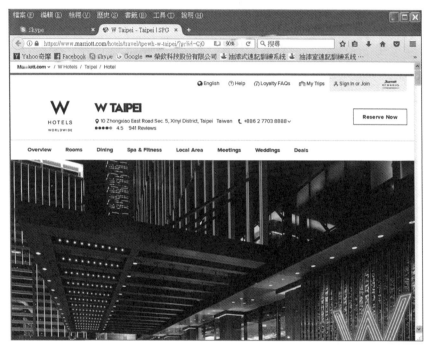

知名的W hotel在全球旅客的心中有六星級定位

Tips

　　各位在制定行銷策略時勢必要進行優劣勢分析（SWOT），
SWOT Analysis（SWOT分析）是由世界知名的麥肯錫咨詢公司所提
出，又稱為態勢分析法，是一種很普遍的策略性規劃分析工具。當使
用SWOT分析架構時，可以從對企業內部優勢與劣勢與面對競爭對手
所可能的機會與威脅來進行分析，然後從面對的四個構面深入解析，
分別是企業的優勢（Strengths）、劣勢（Weaknesses）、與外在環境
的機會（Opportunities）和威脅（Threats），就此四個面向去分析產
業與策略的競爭力。

2-3 社群行銷的特性

透過社群行銷經常讓許多商品一夕爆紅

　　隨著社群行銷技術發展的日趨成熟，企業可以利用較低的成本，開拓更廣闊的市場，社群行銷已是銳不可擋的趨勢，除了專注於平台，更要優化內容推陳出新。所謂「社群行銷」（Social Media Marketing），就是透過各種社群媒體網站，讓企業吸引顧客注意而增加流量的方式。由於大家都喜歡在網路上分享與交流，進而提高企業形象與顧客滿意度，並間接達到產品行銷及消費，所以被視為是便宜又有效的行銷工具。

　　社群行銷最迷人的地方就是企業主無需花大錢打廣告，只要想方設法讓粉絲幫你賣東西，光靠眾多粉絲間的口碑效應，就能創下驚人的銷售業績！根據最新的統計報告，有2/3美國消費者購買新產品時會先參考臉書上的評論，且有1/2以上受訪者會因為社群媒體上的推薦而嘗試全新品牌。例如中國大陸的小米手機剛推出就賣了數千萬台，你可能無法想像，小米機幾乎完全靠口碑與社群行銷來擄獲大量消費者而成功，小米機的粉

絲，簡稱「米粉」，「米粉」多為手機社群的意見領袖，小米的用戶不是
用手機，而是玩手機，各地的「米粉」都會舉行定期聚會，在線上討論與
線下組織活動，分享交流使用小米的心得，社群行銷的核心是參與感，小
米機用經營社群，發揮口碑行銷的最大效能。

小米機因為社群行銷而爆紅

　　網路時代的消費者是流動的，企業要做好社群行銷，一定要先善用社
群媒體的特性，因為網路行銷的最終目的不只是追求銷售量與效益，而是
重新思維與定位自身的品牌策略。隨著近年來社群網站浪潮一波波來襲，
社群行銷已不是選擇題，而是企業行銷人員的必修課程，以下我們將為各
位介紹社群行銷的四種特點。

2-3-1 購買者與分享者的差異性

　　網路社群的特性是分享交流，並不是一個可以直接販賣銷售的工具，粉絲到社群來是分享心情，而不是看廣告，成為你的Facebook粉絲，不代表他們就一定想要被你推銷，必須了解網友的特質是「重人氣」、「喜歡分享」、「相信溝通」，商業性太濃反而容易造成反效果。社群的最大的價值在於這群人共同建構了人際網路，創造了互動性與影響力強大的平台。任何社群行銷的動作都離不開與人的互動，首先要清楚分享者和購買者間的差異，要作好社群行銷，首先就必須要用經營社群的態度，而不是廣告推銷的商業角度。

東京著衣非常懂得利用網路社群來培養網路小資女的歸屬感

2-3-2 品牌建立的重要性

想透過社群的方法做行銷,最主要的目標當然是增加品牌的知名度,增加粉絲對品牌的喜愛度,更有利於聚集目標客群並帶動業績成長。經營社群網路需要時間與耐心經營,講究的是互動與對話,有些品牌覺得設了一個Facebook粉絲頁面,三不五時到FB貼貼文,就可以趁機打開知名度,讓品牌能見度大增,這種想法是大錯特錯。例如蘭芝(LA-NEIGE)隸屬韓國AMORE PACIFIC集團,主打的是具有韓系特點的保濕商品,蘭芝粉絲團在品牌經營的策略就相當成功,主要目標是培養與顧客的長期關係,務求把它變成一個每天都必須跟客人或潛在客人聯繫與互動的平台,包括每天都會有專人到粉絲頁去維護留言與檢視粉絲的狀況,或是宣傳即時性的活動推廣訊息。

蘭芝粉絲團成功打造了品牌知名度

2-3-3 累進式的行銷傳染性

　　社群行銷本身就是一種內容行銷，過程是創造互動分享的口碑價值的活動，許多人做社群行銷，經常只顧著眼前的業績目標，想要一步登天式的成果，而忘了社群網路所具有獨特的傳染性功能，那是一種累進式的行銷過程，必須先把品牌訊息置入互動的內容，讓粉絲開始引起興趣，經過一段時間有深度而廣泛的擴散，藉由人與人之間的信任關係口耳相傳，引發社群的迴響與互動，才能把消費者真正導引到購買的階段，以下是累進式行銷的四個階段的示意圖：

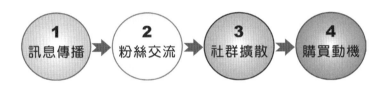

2-3-4 視覺化行銷的優先性

　　社群行銷時圖片的功用超越文字許多，盡量多用照片、圖片與影片，讓你的貼文馬上變得讓人吸睛，並且可能粉絲獲得瘋狂轉載。懂得透過影片或圖片來說故事，而不只是光靠文字的力量，通常會更令人印象深刻，讚數和留言也比較多。例如臉書上相當知名的iFit愛瘦身粉絲團，創辦人陳韻如小姐主要是分享自己的瘦身經驗，除了將專業的瘦身知識以淺顯短文方式表達，她非常懂得利用照片呈現商品本身的特點和魅力，不論是在產品縮圖和賣場內容中都發揮得淋漓盡致，猶其強調大量圖文整合與自製的可愛插畫，搭上現代人最重視的運動減重的風潮，難怪讓粉絲團大受歡迎。

iFit網上圖文整合非常吸睛

本章習題

1. 請說明「長尾效應」（The Long Tail）。
2. 試簡述行銷組合的4P理論。
3. 何謂通路？
4. 什麼是4C行銷理論？
5. 試簡述STP理論。
6. 何謂SWOT分析？

7.試簡述品牌（Brand）的意義與內容。

8.累進式行銷過程可分為哪四個階段？

9.請簡述社群行銷的特性。

第三章

客戶關係管理與社群大數據行銷

　　管理大師杜拉克（Peter F. Drucker）曾經說過，商業的目的不在「創造產品」，而在「創造客戶」，企業存在的唯一目的就是提供服務和商品去滿足客戶的需求。俗話常說，要抓住男人的心就要先抓住他的胃，在競爭激烈的網路行銷時代，想要擁有忠誠的客戶，唯一的解決之道就是「客戶關係管理」（Customer Relationship Management, CRM）。因為CRM不僅僅是一個概念，更是一種以客戶為導向的運營策略，特別是可以透過適合的工具了解消費者的差異及需求，簡單來說，成功的網路行銷策略必須搭配顧客關係管理的概念與工具。

王品集團建立了相當完善的客戶關係管理系統

　　科技的發展及應用日新月異，不但給人們帶來更多的便利與改變，也改變人們日常的生活習慣，隨著大數據時代的到來，正在快速翻轉了現代人們的生活方式，自從2010年開始全球資料量已進入ZB（zettabyte）時代，並且每年以60～70%的速度向上攀升，當消費者資訊接收行為轉變，行銷就不能一成不變！特別是今天的社群大數據技術徹徹底底改變了客戶關係管理的行銷玩法。

透過大數據分析就能提供
用戶最佳路線建議

Google Map就能快速又準確地提供即時交通資訊

　　在社群行銷蓬勃發展與大數據議題越來越火熱的背景下，全球用戶平均每天花費至少3.5個小時瀏覽社群網站，由於社群媒體的即時性，客戶的問題與疑問，可以在第一時間透過社群反應給店家，今天社群媒體能對客戶關係管理提供相當的貢獻，荷蘭航空年營業額有將近十億來自社群粉絲，如果能有效的掌握社群網站背後的大數據，則可以針對不同社群平台擬定策略，當消費者資訊接收行為轉變，行銷就不能一成不變！特別是懂

得在社群行銷階段導入CRM客戶關係管理，放大每一個獲取流量價值，今天的社群大數據技術徹徹底底改變了客戶關係管理的行銷深度與效果。

荷蘭航空每年有許多乘客來自社群粉絲

3-1 客戶關係管理簡介

「客戶關係管理」（Customer Relationship Management, CRM）這個概念是在1999年時由Gartner Group Inc提出來，最早開始發展客戶關係管理的國家是美國，企業在行銷、銷售及客戶服務的過程中，則可透過「客戶關係管理」系統與客戶建立良好的關係。CRM的定義是指企業運用完

整的資源，以客戶為中心的目標，讓企業具備更完善的客戶交流能力，透過所有管道與客戶互動，並提供優質服務給客戶，針對每位顧客的喜好將行銷做到客戶心坎裡。

3-1-1 客戶關係管理的內涵

消費者習慣隨著時代不同而迅速變遷，在以客戶為導向的年代中，客戶是企業的資產也是收益的來源，市場是由客戶所組成，任何企業對客戶都有存在的價值，這個價值決定了客戶的期望，當客戶的期望能夠得到充分的滿足，他們自然會對你的產品情有獨鍾。今日企業要保持盈餘的不二法門就是保住現有「20-80定律」下的客戶。

Tips

所謂「20-80定律」表示，就是對於一個企業而言，贏得一個新客戶所要花費的成本，幾乎就是維持一個舊客戶的五倍，留得越久的客戶，帶來越多的利益。小部分的優質客戶提供企業大部分的利潤，也就是80%的銷售額或利潤往往來自於20%的客戶。

由於現代企業已經由傳統功能型組織轉為網路型的組織，客戶關係管理系統的內涵就是透過網路無所不在的特性，主動掌握客戶動態及市場策略，並利用先進的IT工具來支援企業價值鏈中的行銷（Marketing）、銷售（Sales）與服務（Service）等三種自動化功能，來鎖定銷售目標及擬定最佳的服務策略。

Tips

　　許多企業往往希望不斷的拓展市場，經常把焦點放在吸收新客戶上，卻忽略了手邊原有的舊客戶，如此一來，也就是費盡心思地將新客戶拉進來時，被忽略的舊用戶又從後門悄悄的溜走了，這種現象便造成了所謂的「旋轉門效應」（Revolving-door Effect）。

　　企業建立健全的客戶關係原來是從行銷開始，現代銷售人員的主要責任在於管理與經營大量的客戶關係，並且提供客戶在雙方關係裡更多的附加價值，例如吸引消費者加入會員、定期寄送活動簡訊或電子報、紅利點數、購物紀錄等，與建立共同平台與服務專屬的整合專頁。企業應該簡化跨部門資源溝通協調時間，並且透過活動開發潛在客戶，進一步分析行銷活動效益，達成客戶最高滿意度與貢獻度的行銷模式，進而創造出以「關係行銷」（Relationship Marketing）為行銷的核心價值，來創造企業長期的高利潤營收，將客戶資源轉化成有形的資產，進而達到更多銷售機會的開創，才是最終的王道。

Tips

　　「關係行銷」（Relationship Marketing）是以一種建構在「彼此有利」為基礎的觀念，強調銷售是關係的開始，而非交易的結束，發展出了解客戶需求，而進行客戶服務，以建立並維持與個別客戶的關係，謀求雙方互惠的利益。

CHAPTER

3

亞瑪遜的顧客關係管理系統與網路行銷結合得天衣無縫

3-1-2 CRM系統的種類

　　「客戶關係管理」（CRM）系統就是一種業務流程與科技的整合，是隨著網際網路興起，相關技術延伸而生成的一種商業應用系統。CRM目標在有效地從多面向取得客戶的資訊，就是建立一套資訊化標準模式，運用資訊技術來大量收集且儲存客戶相關資料，加以分析整理出有用資訊，並提供這些資訊用來輔助決策的完整程序。

叡陽資訊是國內客戶關係管理系統的領導廠商

　　CRM重視與客戶的交流，對企業而言，導入CRM系統可以記錄分析所有的客戶行為，同時將客戶分類為不同群組，並藉此行銷與調整企業的相關產品線。無論是供應端的產品供應鏈管理、需求端的客戶需求鏈管理，都應該全面整合包括行銷、業務、客服、電子商務等部門，還應該在

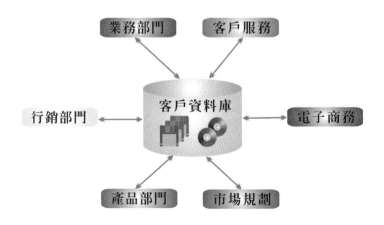

服務客戶的機制與流程中，主動了解與檢討客戶滿意的依據，並適時推出滿足客戶個人的商品，進而達成企業獲利的整體目標。

目前發展已有數十年的CRM系統曾經歷經多次變化，搭配電子商務興起的CRM風潮，是希望透過資訊技術與管理思維，強化與客戶之間的關係。客戶關係管理系統所包含的範圍相當廣泛，就產品所訴求之重點加以區分，可分為操作型（Operational）、分析型（Analytical）和協同型（Collaorative）三大類CRM系統，彼此間還可以透過各項機制整合，讓整體效能發揮到最高，說明如下：

■ **操作型CRM系統**：主要是透過作業流程的制定與管理，即運用企業流程的整合與資訊工具，協助企業增進其與客戶接觸各項作業的效率，乃至於供應鏈管理系統等，並以最佳方法取得最佳效果。

■ **分析型CRM系統**：收集各種與客戶接觸的資料，要發揮良好的成效則有賴於完善的資料倉儲（Data Warehouse），並藉由線上交易處理（OLTP）、線上分析處理（OLAP）與資料探勘（Data Mining）等技術，經過整理、匯總、轉換、儲存與分析等資料處理過程，幫助企業全面了解客戶的行為、滿意度、需求等資訊，並提供給管理階層做為決策依據。

Tips

「線上交易處理」（On-LINE Transaction Processing, OLTP）是指經由網路與資料庫的結合，以線上交易的方式處理一般即時性的作業資料。

「線上分析處理」（Online Analytical Processing, OLAP）可被視為是多維度資料分析工具的集合，使用者在線上即能完成的關聯性或多維度的資料庫（例如資料倉儲）的資料分析作業並能即時快速地提供整合性決策。

■ **協同型CRM**：透過一些功能組件與流程的設計，整合了企業與客戶接觸與互動的管道，包含客服中心（Call Center）、網站、E-Mail、社群機制、網路視訊、電子郵件等負責與客戶溝通聯絡的機制，目標是提升企業與客戶的溝通能力，同時強化服務的時效與品質。

3-1-3 資料倉儲與資料探勘

隨著消費市場需求型態的轉變與資訊技術的快速發展，為了要應付現代龐大的網際網路資訊收集與分析，資料庫管理系統除了提供資料儲存管理之外，還必須能夠提供即時分析結果。「資料倉儲」（Data Warehouse）與「資料探勘」（Data Mining）都是客戶關係管理系統（CRM）的核心技術之一，兩者的結合可幫助快速有效地從大量整合性資料中，分析出有價值的資訊，有效幫助建構商業智慧（Business Intelligence, BI）與決策制定。

Tips

「商業智慧」（Business Intelligence,BI）是企業決策者決策的重要依據，屬於資料管理技術的一個領域。BI一詞最早是在1989年由美國加特那（Gartner Group）分析師Howard Dresner提出，主要是利用線上分析工具（如OLAP）與資料探勘（Data Mining）技術來淬取、整合及分析企業內部與外部各資訊系統的資料，將各個獨立系統的資訊可以緊密整合在同一套分析平台，並進而轉化為有效的知識，目的是為了能使使用者能在決策過程中，即時解讀出企業自身的優劣情況。

由於傳統資料庫管理系統只能應用在線上交易處理，對於提供線上分析處理（OLAP）功能卻尚嫌不足，因此為了能夠在龐大的資料中提鍊出

CHAPTER

3

即時，有效的分析資訊，在西元1990年由Bill Inmon提出了「資料倉儲」（Data Warehouse）的概念。傳統資料庫著重於單一時間的資料處理，而資料倉儲是屬於整合性資料儲存庫，企業可以透過資料倉儲分析出客戶屬性及行為模式等，以方便未來做出正確的市場反應。

企業建置資料倉儲的目的是希望整合企業的內部資料，並綜合各種整體外部資料來建立一個資料儲存庫，是作為支援決策服務的分析型資料庫，能夠有效的管理及組織資料，並能夠以現有格式進行分析處理，進而幫助決策的建立。通常可使用「線上分析處理技術」（OLAP）建立多維資料庫（Multi Dimensional Database），整合各種資料類型，以提供多維度的線上資料分析，進一步輔助企業做出有效的決策。

「資料探勘」（Data Mining）則是一種近年來被廣泛應用在商業及科學領域的資料分析技術，可以從一個大型資料庫所儲存的資料中萃取出有價值的知識，是屬於資料庫知識發掘的一部分，也可看成是一種將資料轉化為知識的過程。資料探勘是整個CRM系統的核心，企業可藉由行銷資訊系統從企業的資料倉儲中收集大量客戶的消費行為與資訊，然後利用資料探勘工具，找出客戶對產品的偏好及消費模式以後，便可進一步分析確認客戶需求，並將客戶進行分群，配合開發具有利基的商品，以達到利潤最大化的目標。由於現代資訊科技進步與資料數位化的軟體發展，資料探勘技術常會搭配其他工具使用，例如利用統計、人工智慧或其他分析技術，嘗試在現存資料庫的大量資料中進行更深層分析，自動地發掘出隱藏在龐大資料中各種有意義的資訊。

3-2 客戶關係管理與大數據革命

阿里巴巴創辦人馬雲在德國CeBIT開幕式上如此宣告：「未來的世界，將不再由石油驅動，而是由數據來驅動！」在國內外許多擁有大量客戶資料的企業，例如Facebook、Google、Twitter、Yahoo等科技龍頭企

業，都紛紛感受到這股如海嘯般來襲的大數據浪潮。大數據應用相當廣泛，我們的生活中也有許多重要的事需要利用大數據來解決。

在網路科技和社群化的今天，過去客戶關係管理系統之操作主要都是建立在人與人之間的互動上，滿足客戶需求而已，而大數據的出現則是期待能更進一步提供多元及個人化的溝通模式及服務內容，另一重要成敗關鍵就是該如何有效的利用這些數據資料，提供我們作為問題發掘及決策參考之依據，講的就是客戶關係大數據分析（CRM Big Data）。特別是全球用戶使用行動裝置的人口數已經開始超越桌機，一支智慧型手機的背後就代表著一份獨一無二的客戶數據來，在大數據的幫助下，消費者輪廓將變得更加全面和立體，包括使用行為、地理位置、商品傾向、消費習慣都能記錄分析，進一步能打動消費者的心，並要有效擴大消費族群。

隨著雲端技術成熟，「客戶關係管理」（CRM）不再是大型企業才能負擔，大數據技術將推客戶關係管理系統產業朝向更精細化發展，透過導入客戶關係管理系統深耕服務，促使更多客戶回流。目前店家或品牌千方百計地收集客人的消費行為數據這個趨勢是停不了，從資料分析中獲取更新的商業資訊，特別是大數據技術徹徹底底改變了網路行銷的玩法，除了能創造高流量，還可以將客戶行為數據化，非常精準在對的時間、地點、管道接觸目標客戶，企業可以更準確地判斷消費者需求與瞭解客戶行為，制定出更具市場競爭力的行銷方案。

例如國內最大的美食社群平台「愛評網」（iPeen），擁有超過10萬家的餐飲店家，每月使用人數高達216萬人，致力於集結全台灣的美食，形成一個線上資料庫，愛評網已經著手在大數據分析的部署策略，並結合「定址服務」（LBS）和「愛評美食通」App來完整收集消費者行為，並且對銷售資訊進行更深層的詳細分析，讓消費者和店家有更緊密的互動關係。

國內最大的美食社群平台「愛評網」（iPeen）

3-2-1 社群大數據簡介

　　大數據（又稱大資料、大數據、海量資料，big data），是由IBM於2010年提出，主要特性包含三種層面：巨量性（Volume）、速度性（Velocity）及多樣性（Variety）。大數據的應用技術，已經顛覆傳統的資料分析思維，所謂大數據是指在一定時效（Velocity）內進行大量（Volume）且多元性（Variety）資料的取得、分析、處理、保存等動作。而多元性資料型態則包括如：文字、影音、網頁、串流等結構性及非結構性資料。另外，在維基百科的定義，則是指無法使用一般常用軟體在可容忍時間內進行擷取、管理及處理的大量資料。

　　我們可以這麼解釋：大數據其實是巨大資料庫加上處理方法的一個總稱，而大數據的相關技術，則是針對這些大數據進行分析、處理、儲存及應用。各位可以想想看，如果處理這些大數據，無法在有效時間內快速取得所要的結果，就會大為降低取得這些資料所產生的資訊價值。

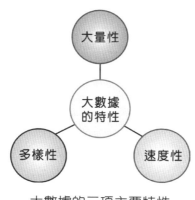

大數據的三項主要特性

　　所謂「社群大數據」其實就是隱藏在現今眾多社群網站和媒體後面，那些大量而又充滿潛在價值的資料，包括用戶基本資料、點擊率、分享數、按讚數、留言數、動態消息、按讚、打卡、分享、影片人數，甚至是貼文觸及人數等。例如身為全球最大社群網站的Facebook，所掌握的數據量更是位居所有社群網站之冠，只要研究使用者對某個事件的按讚次數，就可以成功推敲出當下人們關心什麼話題，並當作末端的精準個人化推薦和廣告推播了，投放用戶感興趣的廣告或行銷訊息。

3-2-2 大數據的規模與應用

　　大數據（Big Data）處理指的是對大規模資料的運算和分析，例如網路的雲端運算平台，每天是以數quintillion（百萬的三次方）位元組的增加量來擴增，所謂quintillion位元組約等於10億GB，尤其在現在網路講究資訊分享的時代，資料量很容易達到TB（Tera Bytes），甚至上看

PB（Peta Bytes）。沒有人能告訴各位，超過哪一項標準的資料量才叫巨量，如果資料量不大，可以使用電腦及常用的工具軟體慢慢算完，就用不到大數據的專業技術，也就是說，只有當資料量巨大且有時效性的要求，較適合應用海量技術進行相關處理動作。為了讓各位實際了解這些資料量到底有多大，筆者整理了下表，提供給各位作為參考：

Tips

為了讓各位實際了解大數據資料量到底有多大，我們整理了大數據資料單位如下表，提供給各位作為參考：

1 Terabyte=1000 Gigabytes=1000^9 Kilobytes

1 Petabyte=1000 Terabytes=1000^{12} Kilobytes

1 Exabyte=1000 Petabytes=1000^{15} Kilobytes

1 Zettabyte=1000 Exabytes=1000^{18} Kilobytes

大數據現在不只是資料處理工具，更是一種企業思維和商業模式。大數據揭示的是一種「資料經濟」的精神。長期以來企業經營往往仰仗人的決策方式，往往導致決策結果不如預期，日本野村高級研究員城田眞琴曾經指出，「與其相信一人的判斷，不如相信數千萬人的資料」，她的談話就一語道出了大數據分析所帶來商業決策上的價值，因為採用大數據可以更加精準的掌握事物的本質與訊息就以目前相當流行的Facebook為例，為了記錄每一位好友的資料、動態消息、按讚、打卡、分享、狀態及新增圖片，因為Facebook的使用者人數眾多，要取得這些資料必須藉助各種不同的大數據技術，接著Facebook才能利用這些取得的資料去分析每個人的喜好，再投放他感興趣的廣告或粉絲團或朋友。

Facebook背後包含了巨量資料的處理技術

　　阿里巴巴創辦人馬雲在德國CeBIT開幕式上如此宣告：「未來的世界，將不再由石油驅動，而是由數據來驅動！」隨著電子商務、社群媒體、雲端運算及智慧型手機構成的資料經濟時代，近年來不但帶動消費方式的巨幅改變，更為大數據帶來龐大的應用願景。當大數據結合了社群行銷，將成為最具革命性的行銷大趨勢，客戶變成了現代真正的主人，企業主導市場的時光已經一去不復返了，就以目前相當流行的Facebook為例，為了記錄每一位好友的資料、動態消息、按讚、打卡、分享、狀態及新增圖片，因為Facebook的使用者人數眾多，要取得這些資料必須藉助各種不同的大數據技術，當品牌掌握了更多關於消費者的資訊，接著Facebook才能利用這些取得的資料去分析每個人的喜好，再投放其感興趣的廣告或粉絲團或朋友。

大數據是協助New Balance精確掌握消費者行為的最佳工具

　　由電子商務、社群媒體及智慧型手機構成的新行動行銷崛起，近年來不但帶動消費方式的巨幅改變，更為大數據帶來龐大的應用願景，同時也是了解客戶行為與精準行銷的利器。雖然有些社群用戶想和店家展開對話，但不代表你應該馬上視他們為客戶，反而是要進一步找出最有價值的忠誠客戶，並把時間和精力投注、鎖定在給他們身上。星巴克咖啡就曾將所推出了會員卡轉換成手機App，App有助於星巴克透過數據了解消費者，再設法利用大數據分析，針對潛在客戶與利用一對一的行銷，目標是希望每兩杯咖啡，就有一杯是來自熟客所購買，這項目標成功的背後靠的正是收集以會員為核心的大數據，藉由分析這些潛在客戶，星巴克更能瞄準未來客群進行精準行銷。

星巴克透過大數據了解消費者

　　如果各位曾經有在Amazon購物的經驗，一開始就會看到一些沒來由的推薦，因為Amazon商城會根據客戶瀏覽的商品，從已建構的大數據庫中整理出曾經瀏覽該商品的所有人，然後會給這位新客戶一份建議清單，建議清單中會列出曾瀏覽這項商品的人也會同時瀏覽過哪些商品？由這份建議清單，新客戶可以快速作出購買的決定，讓他們與顧客之間的關係更加緊密，而這種大數據技術也確實為Amazon商城帶來更大量的商機與利潤。

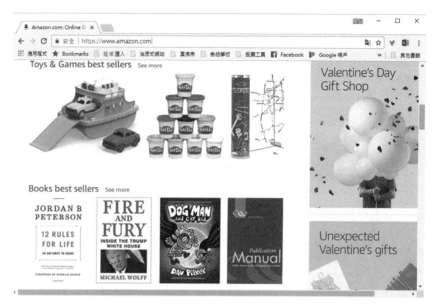

Amazon應用大數據提供更優質的個人化購物體驗

　　大數據除了網路行銷領域的應用外，我們的生活中是不是有許多重要的事需要利用Big Data來解決呢？就以醫療應用為例，為了避免醫生的疏失，美國醫療機構與IBM推出IBM Watson醫生診斷輔助系統，首先醫生會對病人問幾個病徵問題，可是Watson醫生診斷輔助系統會跟從巨量數據分析的角度，幫醫生列出更多的病徵選項，以降低醫生疏忽的機會。

Tips

　　目前較普遍的大數據相關技術有Hadoop與Sparks兩種，Hadoop是源自Apache軟體基金會底下的開放原始碼計畫，為了因應雲端運算與大數據發展所開發出來的技術，它以MapReduce模型與分散式檔案系統為基礎。例如Facebook、Google、Twitter、Yahoo等科技龍頭企業，都選擇Hadoop技術來處理自家內部大量資料的分析。最近快速竄紅的Apache Spark，是由加州大學柏克萊分校的AMPLab所開發，是

目前大數據領域最受矚目的開放原始碼（BSD授權條款）計畫，Spark相當容易上手使用，可以快速建置演算法及大數據資料模型，目前許多企業也轉而採用Spark做為更進階的分析工具，也是目前相當看好的新一代大數據串流運算平台。

3-3 網路行銷與人工智慧

人工智慧為現代產業帶來全新的革命

在這個大數據時代，資料科學的狂潮不斷地推動著這個世界，加上大數據給了「人工智慧」（Artificial Intelligence, AI）的發展提供了前所未

有的機遇，人工智慧儼然是未來科技發展的主流趨勢，近幾年人工智慧的應用領域愈來愈廣泛，主要原因之一就是GPUs加速運算日漸普及，使得平行運算的速度更快與成本更低廉，我們也因人工智慧而享用許多個人化的服務、生活變得也更為便利。

Tips

　　圖形處理器（Graphics Processing Unit, GPU）可說是近年來科學計算領域的最大變革，是指以圖形處理單元（GPU）搭配CPU的微處理器，GPU則含有數千個小型且更高效率的CPU，不但能有效處理平行運算（Parallel Computing），還可以大幅增加運算效能，藉以加速科學、分析、遊戲、消費和人工智慧應用。

雖然Amazon Go仍需要員工進行補貨、製作食物以及客戶服務等工作，還不算是真正的無人商店，但已經是商店科技上的一大進步。

Amazon推出的智慧無人商店Amazon Go

　　以人工智慧取代傳統人力進行各項網路行銷業務已成趨勢，有75%的時尚品牌，將在未來兩年內投資AI，因爲AI能夠讓消費者找到喜歡和想要的商品。將來決定這些AI服務能不能獲得更好發揮的關鍵，除了得靠目前最熱門的機器學習（Machine Learning, ML）的研究，甚至得借助深度學習（Deep Learning, DL）的類神經演算法，才能更容易透過人工智慧解決行銷策略方面的問題與有更卓越的表現。

3-3-1 機器學習

　　「機器學習」（Machine Learning, ML）是大數據與人工智慧發展相當重要的一環，機器通過演算法來分析數據、在大數據中找到規則，機器學習是大數據發展的下一個進程，給予電腦大量的「訓練資料（Training Data）」，可以發掘多資料元變動因素之間的關聯性，進而自動學習並且做出預測，充分利用大數據和演算法來訓練機器，機器再從中找出規律，學習如何將資料分類。各位應該都有在YouTube觀看影片的經驗，YouTube致力於提供使用者個人化的服務體驗，包括改善電腦及行動網頁的內容，近年來更導入了機器學習技術，來打造YouTube影片推薦系統，特別是Youtube平台加入了不少個人化變項，過濾出觀賞者可能感興趣的影片，並顯示在「推薦影片」中。

CHAPTER

3

YouTube透過TensorFlow技術過濾出受眾感興趣的影片

3-3-2 深度學習

　　「深度學習」（Deep Learning, DL）算是AI的一個分支，也可以看成是具有層次性的機器學習法，源自於「類神經網路」（Artificial Neural Network）模型，並且結合了神經網路架構與大量的運算資源，目的在於讓機器建立與模擬人腦進行學習的神經網路，以解釋大數據中圖像、聲音和文字等多元資料。店家與品牌除了致力於用網路行銷來吸引購物者，同時也在探索新的方法，以即時收集資料並提供量身打造的商品建議，深度學習不但能解讀消費者及群體行為的的歷史資料與動態改變，更可能預測

消費者的潛在慾望與突發情況，能應對未知的情況，設法激發消費者的購物潛能，獨立找出分眾消費的數據，進而提供高相連度的未來購物可能推薦與更好的用戶體驗。

> **Tips**
>
> 　　類神經網路就是模仿生物神經網路的數學模式，取材於人類大腦結構，使用大量簡單而相連的人工神經元（Neuron）來模擬生物神經細胞受特定程度刺激來反應刺激架構為基礎的研究，這些神經元將基於預先被賦予的權重，各自執行不同任務，只要訓練的歷程越扎實，這個被電腦系所預測的最終結果，接近事實真相的機率就會越大。

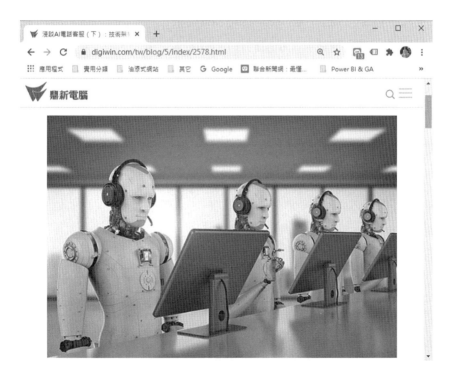

AI電商客服也是深度學習的應用之一

圖片來源：https://www.digiwin.com/tw/blog/5/index/2578.html

本章習題

1. 試敘述客戶關係管理系統的目標。

2. 有哪幾種類型的客戶關係管理系統？

3. 企業建置資料倉儲的目的為何？

4. 何謂「線上分析處理」（Online Analytical Processing, OLAP）？

5. 請簡述大數據的特性。

6. 請簡述Hadoop技術。

7. 請簡介Spark。

8. 請簡述「人工智慧」（Artificial Intelligence, AI）。

9. 機器學習（Machine Learning, ML）是什麼？有哪些應用？

10. 何謂「關係行銷」（Relationship Marketing）？

11. 試簡述「商業智慧」（Business Intelligence,BI）。

12. 何謂「非結構化資料」（Unstructured Data）？

第四章

社群行銷的熱門工具與 SEO

　　網路上的互動性是社群行銷最吸引人的因素，不但提高網路使用者的參與度，也大幅增加了行銷的效果，不過社群行銷看似門檻低，其實需要留意的眉角還真是不少，談到行銷技巧的美感，就像一件積木堆成的藝術作品，單一的網路行銷工具較無法達成強力導引消費者到店家或品牌的目的，必須依靠與配合更多數位行銷技巧，事實上、各種行銷溝通工具就有點像是樂高積木有不同大小與功能，我們深知一個好的積木作品之所以創作成功，不會只單靠一種類型的積木就能完成。

小米機結合社群與飢餓行銷技巧來擄獲大量消費者

　　行銷策略的運用沒有一定的公式，主要是看你的產品定位以及客戶來源，社群行銷成功的重要關鍵，不但是要找到對的目標社群，還必須充分結合一些熱門私房行銷技巧與特別工具，把你的社群當名片，讓行銷效果發揮到極致，才能同時為社群行銷帶來更多成長性。社群行銷可貴之處在於它擁有無限的想像空間，能夠搭配使用的輔助工具如此多，而且不同流量對店家而言代表了不同意義。沒有「熱賣的商品」，只有不暢銷的行銷方法。例如中國熱銷的小米機新機上市時更利用社群行銷結合飢餓行銷（Hunger Marketing）模式，製造產品一上市就買不到的現象，小米更將其用到了極致，更是保證小米較高的曝光率，新品剛推出就賣了數千萬台，就是利用「缺貨」與「搶購熱潮」瞬間炒熱話題。

Tips

　　「稀少訴求」（scarcity appeal）在行銷中是經常被使用的技巧，「飢餓行銷」（Hunger Marketing）是以「賣完為止、僅限預購」這樣的稀少訴求來創造行銷話題，就是「先讓消費者看得到但買不到！」，利用顧客期待的心理進行商品供需控制的手段，讓消費者覺得數量有限而不買可惜。例如前幾年在超商銷售的日本「雷神」巧克力，吸引許多消費者瘋狂搶購，竟然連台灣人到日本玩，也會把貨架上的雷神全部掃光，一時之間，成為最紅的飢餓行銷話題。

4-1 病毒式行銷──電子郵件與電子報

　　在這個社群網站蓬勃發展的時代，利用社群創造流量的「病毒式行銷」已成行銷主流趨勢，過去稱為「口碑行銷」（word-of-mouth communication），現在則稱為「蜂鳴行銷」（buzz marketing），常用於進行網站推廣與品牌推廣。「病毒式行銷」（Viral Marketing），主要的方式倒不是設計電腦病毒讓造成主機癱瘓，它是利用一個真實事件，以「奇文共欣賞」的模式分享給周遭朋友，並且一傳十、十傳百地快速轉寄這些精心設計的商業訊息，其實都是商業網站的廣告作品，隨手轉寄或推薦的動作，如果這些訊息具備感染力，正如同病毒一樣深入網友腦部系統的訊息，商品不是自己喜歡就好，如何獲得顧客認同才是大學問，更要讓目標顧客容易搜尋到產品或活動資訊，進而選擇進入潛在購買迴圈。

　　由於口碑推薦會比其他廣告行為更具說服力，傳播速度之迅速，實在難以想像，利用網路社群創造流量的「病毒式行銷」已成大勢，根據統計促使人們分享廣告的主要原因之一是「情緒衝動」，消費者越來越聰明，廣告與干擾只是一線之隔，只有情緒化才能觸動人心，不管是正面還是負面情緒，只要強而有力，就能讓受眾印象深刻。

　　各位想成功操作社群，必須時常製造議題，並在議題拋出後和粉絲溝通與互動。議題就像病毒，散布出去之後引起消費者共鳴，例如當觀眾喜歡一支廣告議題，且認真討論、分享這些內容能帶來社群效益，病毒內容才可能擴散，也讓顧客由內而外、真心的按下「讚」和「分享」。簡單來說，兩個功能差不多的商品放在消費者面前，只要其中一個商品多了「人氣」的特色，消費者就容易有了選擇的依據，如果受眾還認為內容能為帶來正面能量時，還會更樂於分享給朋友圈。

台北世大運以「意見領袖 ── 網紅」創造社群病毒行銷宣傳

4-1-1 電子郵件行銷

　　「電子郵件行銷」（Email Marketing）是許多店家喜歡整合社群行銷一起使用的行銷手法，例如將含有商品資訊的廣告內容，以電子郵件的方式寄給不特定的使用者，也算是一種「直效行銷」，能幫助商家與客戶建立友好關係。大多數店家或品牌也運用社群行銷，來幫助建立他們的用戶志願加入（opt-in）電子郵件名單，日後當這些用戶看到廣告郵件內容後，如果對該商品有興趣，就能夠連結到販賣該商品的網站中來進行消費，缺點是許多社群行銷信件被歸類為垃圾信件而丟棄，更有可能傷害公司形象。

　　在資訊爆炸的時代，垃圾郵件到處充斥，如果直接就向用戶發送促銷email，絕對會大幅降低消費者對於商業電子郵件的注意力，企業將很難獲得與其溝通的機會，最好是同時利用廣告、贈品來吸引用戶的興趣，順

便在郵件內容中加入適量促銷資訊，從而實現行銷的目的，這樣做的好處就是成本低廉與客戶關注力高，也可以避免直接郵寄email造成用戶困擾的潛在傷害。

7-11超商的電子郵件行銷相當成功

社群和電子郵件間的整合已成事實，下一步就是要整合得更精巧有效率，例如店家還能讓消費者自願加入行銷活動的策略思考，只要顧客願意明確地表明願意郵寄email，並且形成有意義的商業訊息，也就是把陌生人便變成顧客的策略。這種由消費者主動給予許可的方式，最能確保消費者接收商業資料的正確性，同時也具潛在的商業開發價值。例如7-11網站

常常會為會員舉辦活動，並經常舉辦折扣或是抽獎等誘因，讓會員或社群用戶樂意經常接到7-11的產品訊息郵件，並有接近10%以上的意見回函。

4-1-2 電子報行銷

遊戲電子報是與玩家維繫關係很好的管道

「電子報行銷」（Email Direct Marketing）是一個主動出擊的戰術，面對社群行銷可能面對這樣的困境，行銷人員經常發現明明是很優質的內容，但點閱、分享與按讚的人數卻相當有限，這時電子報可能是公認的解決方案之一，社群行銷與電子報彼此截長補短，更容易發揮加成的效益。目前電子報行銷依舊是企業經營老客戶的主要方式，多半是由使用者訂閱，再經由信件或網頁的方式來呈現行銷訴求，而成效則取決於電子報的設計和規劃。

電子報行銷的目的是期望收件者或客戶在開信後能點擊內容，例如好的主旨容易勾住收信者的目光，能讓收件者容易因為好奇而點擊，在適當置入公司logo也能突出品牌特性，或者將電子報以動畫方式呈現，當

然個人化內容電子報會更貼近讀者的需求，這樣的設計都能讓收信者進而點開電子報閱讀，並根據消費者平日的習慣，將經常使用的社群平台利用電子報發送給客戶。由於電子報費用相對低廉，還有一個好處就是它可以追蹤，這種作法將會大大的節省行銷時間及提高成交率。電子報行銷的重點是搜尋與鎖定目標族群，缺點是並非所有收信者都會有興趣去閱讀電子報，這時藉由社群媒體，讓潛在客戶進入訂閱名單中，尤其有相當高比例的消費者是透過行動裝置讀取電子報，因此提升所在行動裝置上的可讀性更是關鍵要務。

4-2 內容行銷

　　沒人愛聽大道理，一個觸動人心的故事，反而特別具行銷感染力，努力推銷就能賣出商品的時代過去了，內容才是真正王道，隨著內容行銷（Content Marketing）市場逐漸成熟，已經成為目前最受企業重視的行銷策略之一，被世界上一些最著名的行銷品牌，諸如可口可樂和寶潔等廣泛採用，經由內容分享以及提升，吸引人們到你的社群媒體進行觀看，默默把消費者帶到產品前，引起消費者興趣並最後購買產品。

　　傳統的行銷溝通比較偏在「宣傳」，但行銷溝通如果沒有把消費者帶進通路，就沒有達到行銷的目的。不僅行銷溝通有全新思維，內容也會成為未來市場的鍊金術，不同於連續不斷地推銷產品，在社群媒體上玩好內容行銷，必須更加關注顧客的需求，除了按讚多，分享多，留言多，更重要的是能把某種創意，植入到消費者的心理。社群媒體本來就是內容的製造發祥地，因為創造的內容還是為了某種行銷目的，內容需要創造的是和消費者的「情感交流」，當你的品牌持續在網路上曝光時，你需要把握住你品牌的核心定位。內容行銷其實是去銷售化的溝通藝術，提供的內容是培養受眾消費習慣，銷售意圖絕對要小心藏好，社群結合內容行銷將會以一種感召力更強的方式維繫粉絲的溝通與互動。由於社群媒體並不是如同

電子郵件廣告那樣直接抵達到個體，每個平台都是獨一無二的，用戶組成也十分多元，觸及受眾也不盡相同，每在越來越多的網路社群朝向新媒體轉型發展之後，當各位經營社群媒體前，最好清楚掌握各種社群平台的特性。

在擬定社群行銷策略時，你必須要注意「受眾是誰」、「用哪個社群平台最適合」。行銷手法或許跟著平台轉換有所差異，但消費人性是不變，如果你想成功經營社群，就必須設法跟上各種社群的最新脈動。例如在臉書發文則較適合發溫馨、實用與幽默的日常生活內容，使用者多數還是習慣以文字做為主要溝通與傳播媒介，Twitter由於有限制發文字數，不過有效、即時、講重點的特性在歐國各國十分流行。

SnapChat相當受到歐美年輕人喜愛的平台

　　如果各位想要經營好年輕族群，Instagram就是在全球這波「圖像比文字更有力」的趨勢中，崛起最快的社群分享平台，至於Pinterest則有豐富的飲食、時尚、美容的最新訊息。LinkedIn是目前全球最大的專業社群網站，大多是以較年長，而且有求職需求的各群居多，有許多產業趨勢及專業文章如果是針對企業用戶，那麼LinkedIn就會有事半功倍的效果，反而對一般的品牌宣傳不會有太大效果。如果是針對零散的個人消費者，推薦使用Instagram或Facebook都很適合，特別是Facebook能夠廣泛地連結到每個人生活圈的朋友跟家人。

4-2-1 原生廣告

　　隨著消費者行為對於接受廣告自主性為越來越強，社群行銷近來的熱門字彙之一就是「原生廣告」（Native advertising），除了對於大部分的廣告沒興趣之外，也不喜歡那種感覺被迫推銷的心情，反而讓廣告主得不到行銷的效果。「原生廣告」（Native advertising）是近年受到熱門討論的內容形式，不再守著傳統的橫幅式廣告，而是圍繞著使用者體驗和產品本身，最大的特色是可以將廣告與網頁內容無縫結合，藉由產生有價值的內容，期望在消費者的體驗中獲得關注，而且讓消費者根本沒發現正在閱讀一篇廣告，例如在Facebook就以「動態贊助」或「建議貼文」的方式經營原生廣告平台。

Facebook以「動態贊助」模式表現原生廣告

　　換句話說，原生廣告的本質就是內容，也是在尋求一種內容與廣告的平衡，那些你一眼就能看出是廣告的廣告，就不能算是原生廣告。通常藉著降低瀏覽者戒心，令他們心甘情願的點擊，廣告訴求可以完美融合在行銷內容中，就像是Facebook動態牆上的贊助貼文，或是將在Twitter的廣告化身為一則具有價值的內容推文，都能在不知不覺中刺激消費者的購買慾望。

吃宅配網手工蛋捲的原生廣告開出業績長紅

Tips

　　「使用者創作內容」（User Generated Content, UCG）行銷是代表由使用者來創作內容的一種行銷方式，這種聚集網友創作來內容，也算是近年來蔚為風潮的內容行銷手法的一種，可以看成是一種由品牌設立短期的行銷活動，觸發網友的積極性，去參與影像、文字或各種創作的熱情，由品牌設立短期的行銷活動，使廣告不再只是廣告，不僅能替品牌加分，也讓網友擁有表現自我的舞台，讓每個參與的消費者更靠近品牌，促使目標消費群替品牌完成宣傳任務。

4-3 網路廣告

　　網路廣告就是在網路平台上做的廣告，與一般傳統廣告的方式並不相同。網路廣告可以定義為是一種透過網際網路傳播消費訊息給消費者的傳播模式，擁有互動的特性，能配合消費者的需求，進而讓顧客重複參訪及購買的行銷活動，優點是讓使用者選擇自己想要看的內容、沒有時間及地區上的限制、比起其他廣告方法更能迅速知道廣告效果。越來越多的網路廣告跟我們生活習習相關，科技越來越發達，廣告模式也更五花八門，以下為全球資訊網上常見的網路廣告類型。

Yahoo官方經常打造的創新型態網路廣告

4-3-1 橫幅廣告

　　「橫幅廣告」是最常見的收費廣告，在所有與品牌推廣有關的網路行

銷手段中，橫幅廣告的作用最爲直接，主要利用在網頁上的固定位置，提供廣告主利用文字、圖形或動畫來進行宣傳，通常都會再加入鏈結以引導使用者至廣告主的宣傳網頁。當消費者點選此橫幅廣告（Banner）時，瀏覽器呈現的內容就會連結到另一個網站中，如此就達到了廣告的效果：

橫幅廣告將會給消費者帶來不同的商品資訊

通常橫幅廣告都會放在瀏覽者夠多的入口網站，在隨機式的橫幅廣告播放中，一定可以吸引到感興趣的使用者。優點爲可迅速地讓消費者知道品牌及產品，缺點則是點選的人不一定是潛在客戶。

4-3-2 按鈕式廣告

「按鈕式廣告」（Button）是一種小面積的廣告形式，可放在網頁任何地方，因爲面積小，收費較低，較符合無法花費大筆預算的廣告主，也可購買連續位置的幾個按鈕式廣告，以加強宣傳效果，常見的有JPEG、GIF、Flash三種檔案格式。

Tips

　　彈出式廣告（Pop-Up Ads）或稱為插播式（Interstitial）廣告，
當網友點選連結進入網頁時，會彈跳出另一個子視窗來播放廣告訊
息，強迫使用者接受，並連結到廣告主網站，這種廣告往往會打斷消
費者的瀏覽行為，容易產生反感。

4-3-3 關鍵字廣告

　　由於許多網站流量的重要來源有一部分是來自於搜尋引擎的關鍵字搜
尋，因為每一個關鍵字的背後可能都代表一個購買的動機，所以這個方式
對於有廣告預算的業者無疑是種不錯的行銷工具。各位做搜尋引擎行銷，
最重要的概念就是「關鍵字」，關鍵字（Keyword）就是與各位網站內容
相關的重要名詞或片語，也就是在搜尋引擎上所搜尋的一組字，例如企業
名稱、網址、商品名稱、專門技術、活動名稱等。

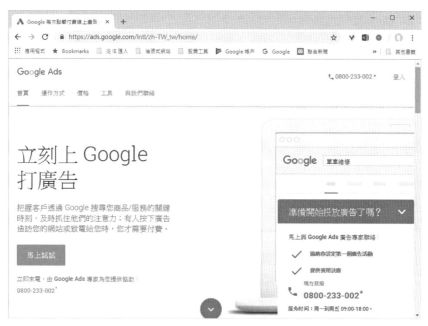

Google關鍵字廣告相當經濟實惠

　　「關鍵字廣告」（Keyword Advertisements）是許多商家網路行銷的入門選擇之一，它的功用可以讓店家的行銷資訊在搜尋關鍵字時，會將店家所設定的廣告內容曝光在搜尋結果最顯著的位置，購買關鍵字廣告因為成本較低的效益也高，而成為網路行銷手法中不可或缺的一環，就以國內最熱門的入口網站Yahoo!奇摩關鍵字廣告為例，當使用者查詢某關鍵字時，會出現廣告業主所設定出現的廣告內容，在頁面中包含該關鍵字的網頁都將作為搜尋結果被搜尋出來，這時各位的網站或廣告可以出現在搜尋結果顯著的位置，增加網友主動連上該廣告網站，間接提高商品成交機會。

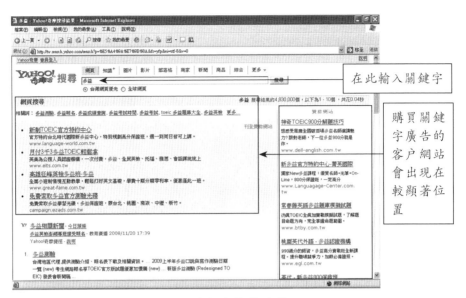

關鍵字廣告的功效

　　一般關鍵字廣告的計費方式是在廣告被點選時才需要付費（Pay Per Click, PPC），和傳統廣告相較之下，關鍵字廣告行銷手法不僅較為靈活，能夠第一時間精準的接觸目標潛在客戶群，廣告預算還可隨時調整，適合大小不同的宣傳活動。當然選用關鍵字的原則除了挑選高曝光量的關鍵字之外，選對關鍵字，當然是非常重要的一件事情，唯有找出代表潛在顧客的關鍵字，才能間接找出這些潛在顧客。

4-4 整合性行銷

　　創意往往是行銷的最佳動力，尤其是在面對一個三百六十度網路整合行銷的時代，帶來了前所未有的成果，也就是整合多家對象相同但彼此不互相競爭公司資源，產生廣告加乘的效果。網路行銷與傳統行銷方式是可以彼此整合資源，因為網路使用者同樣也會是一般媒體的使用者，因此除

了在網際網路上進行廣告外，還能夠在一般傳統媒體中進行廣告。例如在電視頻道中播放網站的廣告，或是在報紙、雜誌中刊登平面廣告，如此傳統廣告與網路廣告進行整合，它所能夠揮發的廣告功效，將遠大於單一管道中的廣告效果。

手機廣告在網路與電視上同步播出

　　例如「網路廣播」（Podcast）是目前網路上相當熱門的新功能，就是一種結合MP3隨身聽與網路廣播機能的結合表現方式。傳統的報紙媒體為了因應網際網路時代的來臨，必須改變新聞發布的方式，除了將傳統報紙的新聞內容改變成電子新聞的型式，更由於網路廣播的推波助瀾，還能具備讓讀者自行訂閱或隨選收聽等功能。每天有許多瀏覽者透過這些媒體網站，快速取得即時新聞報導，而這些報導內容，除了即時線上收聽，也

能以訂閱的方式隨選收聽，如果透過這些網站的廣告行銷，也可以達到相當不錯的產品行銷效果。

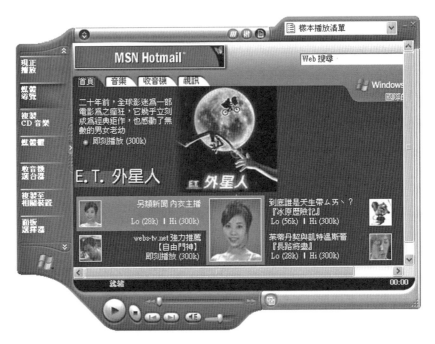

廣告可以結合視聽媒體，以達到更好的效果

此外，一些實體商品的發行，也可以透過網站作為最前端的展示，Amazon就是一個最好的例子，它是從線上圖書起家，而後不斷的跨足各種實體商品的販售，例如CD、唱片、影片、軟體、玩具等，這類的網站必須要有具夠的通路管道，以及迅速的貨物寄送才有辦法經營。

Amazon網站經常與實體商店進行整合行銷

> **Tips**
>
> 「聯盟行銷」（Affiliate Marketing）在歐美是已經廣泛被運用的廣告行銷模式，利用聯盟行銷則可以吸引無數的網民為其招攬客人，廠商與聯盟會員利用聯盟行銷平台建立合作夥伴關係，包括網站交換連結、交換廣告及數家結盟行銷的方式，共同促銷商品，當聯盟會員加入廣告主推廣行銷商品平台時，會取得一組授權碼用來協助企業銷售，然後開始在部落格或是各種網路平台推銷產品，消費者透過該授權碼的連結成交，順利達成商品銷售後，聯盟會員就會獲取佣金利潤。

4-5 App品牌行銷

在智慧型手機、平板電腦逐漸成為現代人隨身不可或缺的設備時，使用App的時間更比瀏覽網站的時間多，迎向未來的行動生活，品牌在手機上的行銷應用，也逐漸備受重視，除了方便上網及擁有多功能的手持裝置外，最大功臣莫過於App的百花爭鳴了，特別是用戶花在App上的時間不減反增。有了行動App，企業就等同於建立自己的自媒體，企業爭先恐後以App結合社群行銷，在App大海中抓住使用者的眼球和手指，許多知名購物商城或網路社群，因為擁有豐富的粉絲資料，開發專屬App也已成為品牌與網路店家必然趨勢，快速吸引消費者的目光，占領用戶的手機桌面，促進和幫助企業實現精準行銷，也成為當前最大行動社群行銷的熱門議題。

現代企業必須將行動App化為行銷策略的一環，透過App滿足行動使用者在生活各方面的需求外，這也是一個不容忽視的溝通管道。由於社群App透過智慧型手機的滲透率大幅提高也跟著提升活躍度，品牌運用App行銷已是不可或缺的媒體選擇，與其不斷優化其網站在移動設備上的用戶體驗，不如推出公司的專屬App，有了行動App，對於品牌行銷而言，不僅能夠帶給用戶服務便捷性的提升，而且企業就等同於建立自己的媒體，隨時隨地都能推播品牌或產品訊息給客戶，可以創造精準有效果的行銷應用，加上透過互動交流與持續經營，這就是網路新媒體的自媒力。例如Yahoo!奇摩為了提供網友跨裝置的行動瀏覽體驗，推出許多行動應用程式，像是Yahoo!奇摩氣象App、電子信箱App等。

知名日本服飾品牌優衣褲（UNIQLO）也相當著重App品牌行銷，曾推出過多款實用App與消費者互動，更懂得結合社群力量吸引消費者並提升黏著度與他們的購買慾。例如優衣褲曾經推出一款UT CAMERA App，能讓世界各地的消費者在試穿時拍攝短片，再將短片上傳至活動官網，並能上傳臉書與朋友分享，將自己的作品上與全世界熱愛穿搭的消費者分

享，這種結合實體試穿、上傳、評選、再線上展示等步驟的行銷方式，吸引了更多消費者到實體門市購買。

UNIQLO相當努力經營App品牌行銷

4-6 網紅行銷

　　所謂「網紅」（Internet Celebrity）就是經營社群網站來提升自己的知名度的網路名人，也稱為「KOL」（Key Opinion Leader），能夠在特定專業領域對其粉絲或追隨者有發言權及重大影響力的人。這股由粉絲效應所衍生的現象，能夠迅速將個人魅力做為行銷訴求，利用自身優勢快速提升行銷有效性，充分展現了網紅文化的蓬勃發展。

張大奕是中國知名的網紅代表人物

　　網紅通常在網路上擁有大量粉絲群，網紅展現方式較有人情味，像和朋友閒聊的感覺，這些人能夠幫助品牌將產品訊息廣泛地傳遞出去，加上了與眾不同的獨特風格，很容易讓粉絲就產生共鳴，進而達到行銷的效果。網紅行銷的興起對品牌來說是個絕佳的機會點，因為社群持續分眾化，現在的人是依照興趣或喜好而聚集，所關心或想看內容也會不同，網紅就代表著這些分眾社群的意見領袖，反而容易讓品牌迅速曝光，並找到精準的目標族群。

4-7 搜尋引擎行銷

　　「搜尋引擎行銷」（Search Engine Marketing, SEM）指的是與搜尋引擎相關的各種直接或間接行銷行為，包括增進網站的排名、購買付費的排序來增加產品的曝光機會、網站的點閱率與進行品牌的維護。當網友在網路上使用各大搜尋引擎尋找資料時，透過增加「搜尋引擎結果頁」（Search Engine Result Pages, SERP）能見度的方式，可以在搜尋引擎中進行品牌的推廣，全面而有效的利用搜尋引擎來從事網路行銷。

Tips

　　SERP（Search Engine Results Pag, SERP）是使用關鍵字，經搜尋引擎根據內部網頁資料庫查詢後，所呈現給使用者的自然搜尋結果的清單頁面，SERP的排名是越前面越好。

4-7-1 登錄入口網站

百度是中國最大搜尋引擎

　　當各位網站製作好後，發現怎麼都搜不到，這時就得自己手動把網站，登錄到個各搜尋引擎中，如果想增加網站曝光率，最簡便的方式可以在知名的入口網站中登錄該網站的基本資料，讓眾多網友可以透過搜尋引擎找到，稱為「網站登錄」（Directory listing submission, DLS）。國內知名的入口及搜尋網站如PChome、Google、Yahoo!奇摩等，都提供有網站資訊登錄的服務。

Tips

　　搜尋引擎所收集的資訊來源主要有兩種，一種是使用者或網站管理員主動登錄，一種是撰寫程式主動搜尋網路上的資訊（例如Google的Spider程式，會主動經由網站上的超連結爬行到另一個網站，並收集該網站上的資訊），並收錄到資料庫中。

4-7-2 Google我的商家

　　「Google我的商家」是一種在地化的服務，如果各位經營了一間小吃店，想要讓消費者或顧客在Google地圖找到自己經營的小吃店，就可以申請「我的商家」服務，當驗證通過後，您就可以在Google地圖上編輯您的店家的完整資訊，也可以上傳商家照片來使您的商家地標看起來更具吸引力，有助於搜尋引擎上找到您的商家。底下示範如何申請「我的商家」服務：

第1步　首先連上「Google我的商家」網站：https://www.google.com/intl/
　　　　　zh-TW/business/，點選「馬上試試」。

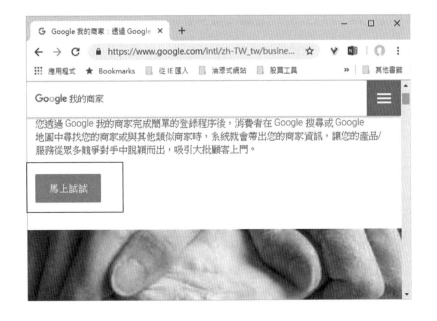

第2步　接著輸入您店家的「商家名稱」，接著按「下一步」鈕。

第3步　接著輸入您商家的住址資訊，接著按「下一步」鈕。

第4步　點選「這些都不是我的商家」，接著按「下一步」鈕。

第5步　選擇最符合您商家的類別，例如：「小吃店」，接著按「下一
　　　　步」鈕。

第6步　選擇您想要向客戶顯示的聯絡方式，接著按「下一步」鈕。

第7步　最後進入驗證商家，接著按「完成」鈕。

第**8**步　接著請選擇驗證的方式，請確認您的地址是否輸入正確，如果沒問題請點選「郵寄驗證」。

第**9**步　接著按「繼續」鈕。

第10步 會開啓如下圖的尚待驗證的畫面，多數明信片會在16日內寄達。

　　當您如果收到驗證郵件，再請登入Google我的商家進行驗證碼的驗證即可，當服務開通後，在Google地圖就可以搜尋到您的店家。

4-7-3 搜尋引擎最佳化（SEO）

　　網站流量一直是網路行銷中相當重視的指標之一，而其中一種能夠相當有效增加流量的方法就是「搜尋引擎最佳化」（Search Engine Optimization, SEO），搜尋引擎最佳化（SEO）也稱作搜尋引擎優化，是近年來相當熱門的網路行銷方式，就是一種讓網站在搜尋引擎中取得SERP排名優先方式，終極目標就是要讓網站的SERP排名能夠到達第一。SEO主要是分析搜尋引擎的運作方式與其演算法（algorithms）規則，通過網站內容規劃進行調整和優化，來提高網站在有關搜尋引擎內排名的方式，進而

提升網站的訪客人數。

　　簡單來說，搜尋引擎對你的網站有好的評價，就會提高網站在SERP 內的排名。掌握SEO優化，說穿了就是運用一系列方法讓搜尋引擎更了解你的網站內容，這些方法包括常用關鍵字、「網站頁面內」（on-page）優化、頁面外（off-page）優化、相關連結優化、圖片優化、網站結構等對消費者而言，SEO是搜尋引擎的自然搜尋結果，而非一般廣告，通常點閱率與信任度也比關鍵字廣告來的高。

在此輸入速記法，會發現榮欽科技出品的油漆式速記法排名在第一位。

SEO優化後的搜尋排名

Tips

　　「資料螢光筆」（Data Highlighter）是一種Google網站管理員工具，讓您以點選方式進行操作，只需透過滑鼠就可以讓資料螢光筆標記網站上的重要資料欄位（如標題、描述、文章、活動等），當Google下次檢索網站時，就能以更為顯目與結構化模式呈現在搜尋結果及其他產品中，對改善SERP也會有相當幫助。

> 麵包屑導覽列（Breadcrumb Trail），也稱為導覽路徑，是一種基本的橫向文字連結組合，透過層級連結來帶領訪客更進一步瀏覽網站的方式，對於提高用戶體驗來說，是相當有幫助。

4-7-4 社群SEO的關鍵技巧

　　社群媒體本身看似跟搜尋引擎無關，其實卻是SEO背後相當大的推手，雖然粉絲專頁嚴格來說根本不是一個網站，不過社群媒體的分享數據也是SEO排名的影響與評等因素之一。各位經常會發現Google或Yahoo搜尋結果會出現FB粉專或Youtuble影片的排名。我們知道SEO排名的兩個重要因素，一個是「權重（authority）」，另一個是「連結（linking）」，如果能有策略地針對SEO與社群媒體的優化，在社群上表現良好的優質內容可能會獲得更多的反向連結」（Backlink）。因為透過外部連結店家的網頁內容，SEO認定權重越高，不但幫助排名，更可以幫助你網站的流量引導。

Google搜尋結果經常會出現Facebook粉專

CHAPTER

4

　　社群做為網路行銷的重要管道，品牌擁有數個社群管道早已不稀奇，因此你的品牌做好FB粉專或Youtube影片的SEO，也有機會超越一般網站的搜尋排名，店家要做好行銷，可以從三大社群（YouTube、Facebook、Instagram）下手，透過簡單易上手的功能、多邊平台整合，並依照各個社群媒體的SEO技巧來調整貼文內容，才是提升用戶傳換律的致勝關鍵。

■ 關鍵字與粉專命名

　　臉書經營粉絲專頁最基本的手段也是SEO關鍵字優化，用戶一樣是可以利用關鍵字找到粉專，所以在品牌故事、粉絲專頁基本資料、提供的服務、說明或網址等，並在其中提到地址、聯絡方式，都可以置入與品牌或商品有關的關鍵字，在粉絲專頁中，這些都是對SEO非常有幫助的元素。每次發布FB貼文內容時也可以使用貼文主題相關的關鍵字或主題標籤（#hashtag）增加曝光度，讓粉絲／消費者更容易透過搜尋功能找到你的內容，貼文的開頭最好提到關鍵字，因為這些正是粉絲專頁能執行SEO的元素。命名更是一門大學問！各位想要提高品牌粉專被搜尋到的機會，首先就要幫你的粉專取個個響亮好記的用戶名稱，也能把冗長的網址變得較為精簡，方便用戶記憶和分享，這點不但影響品牌形象，對搜索量也相當有幫助，是FB的關鍵字優化的最關鍵的一步。

■ 用戶名稱的SEO眉角

　　Instagram用戶名稱，等於是其中一個關鍵字管理的重心，店家首先務必要花時間好好地寫上IG帳號的完整資訊。因為IG帳號已經被視為是品牌官網的代表，IG所使用的帳戶名稱，名稱與簡介也最好能夠讓人耳熟能詳，所以當你使用IG來行銷自家商品時，那麼帳號名稱最好取一個與商品相關的好名字，並添加「商店」或「Shop」的關鍵字，如果有主要行業別或產品也可加上，讓用戶在最短的時間了解你這個品牌，因為這

不只攸關品牌意識，更關乎到SEO。

　　視覺化內容在IG的世界中是非常重要，由於IG的用戶多半天生就是視覺系動物，內文要夠精簡扼要，配合高品質的影片或圖片，主題鮮明最好分門別類，頁面視覺風格一致，讓主題內的圖文有高度的關聯性，不但讓粉絲直覺聯想到品牌，更迅速了解商品內容。檔案名稱也同樣可以給予搜尋引擎一些關於圖片內容的提示，建議使用具有相關意義的名稱，例如與關鍵字或是品牌相關的檔名，這也是SEO的技巧之一。

本章習題

1. 搜尋引擎最佳化的功用為何？

2. 搜尋引擎的資訊來源有幾種？試說明之。

3. 什麼是網路廣告？

4. 請簡述如何做好App品牌行銷。

5. SERP（Search Engine Results Pag, SERP）是什麼？

6. 請簡介原生廣告（Native advertising）。

7. 關鍵字行銷的作法為何？

8. 請簡介「病毒式行銷」（Viral Marketing）。

第五章

臉書行銷入門

　　Facebook是集客式行銷的大幫手，常被人簡稱為「FB」，中文被稱為臉書，許多人幾乎每天一睜眼就先上臉書，關注朋友最新動態，不少店家也透過臉書行銷，如餐廳給來店消費打卡者折扣優惠。如果您懂得善用Facebook來進行網路行銷，必定可以用最小的成本，達到最大的行銷效益。但是即使你了解如何利用Facebook的各項工具，如果經驗不足，往往無法達到預期的廣告效果。如果各位能更熟悉Facebook所提供的功能，並吸取他人成功行銷經驗，肯定可以為商品帶來無限的商機。

5-1 臉書基本集客祕訣

　　現在只要是有在網路賣東西的店家，幾乎都會透過臉書做行銷，如果你期望經營臉書行銷能有所斬獲，底下將為各位介紹Facebook中可以運用來行銷商品或理念的重要功能。

5-1-1 定期放送動態消息

　　首頁是各位在登入臉書時看到的內容；其中包括「動態消息」以及朋友、粉絲專頁的一連串貼文。位在首頁最上方就是動態消息區，也就是所謂的「塗鴉牆」，一般人可以在自己的塗鴉牆上隨時發表自己的心情。在塗鴉牆上放送消息可以讓朋友得知你的訊息。

CHAPTER

5

動態消息區，
又稱塗鴉牆，
可建立貼文、
上傳相片／影
片、或做直播

透過塗鴉牆我們可以發布要行銷的訊息，而這些訊息也能在好友們的近況動態中發現，而達到行銷到朋友的朋友圈中，迅速擴散您的行銷商品訊息或特定理念。所以隨時在動態消息中放送最新的資訊，就是增加商品的曝光機會，讓你的所有臉書朋友或關注者都有機會看到。

5-1-2 新增到你的限時動態

手機臉書最新推出的是「限時動態」功能，此功能相當受到年輕世代喜愛，限時動態功能會將所設定的貼文內容於24小時之後自動消失，除非使用者選擇同步將照片或影片發佈在動態時報上，不然照片或影片會在限定的時間後自動消除。對於品牌行銷而言，正因為限時動態是24小時閱後即焚的動態模式，會讓用戶更想常去觀看「即刻分享當下生活與品牌花絮片段」的限時內容。

點選此處後，可輸入文字、拍照、或是從圖庫上傳相片／影片

5-1-3 聊天室與即時通訊Messenger

當各位開啟臉書時，那些臉書朋友已上線，從右下角的「聊天室」便可看得一清二楚。

已上線的臉書朋友都可由此窺知，目前顯示有13人上線

　　看到熟友正在線上，想打個招呼或進行對話，直接從聊天室的清單中點選聯絡人，就能在開啓的視窗中即時和朋友進行訊息的傳送。

點選此處，可前往該網友的臉書進行瀏覽

1. 點選上線的聯絡人名稱

2. 開啓聯絡人視窗，由此輸入訊息或傳送資料

　　對於朋友在你臉書上的留言，想要私底下回覆給他們，也可以透過即時通訊軟體── Messenger來進行回覆。請由臉書首頁的左上方按下「Messenger」選項，就會進入Messenger的獨立頁面，點選聯絡人名稱即可進行通訊。

1. 點選「Messenger」

2.點選朋友相片

3.在此輸入訊息、傳送檔案、或貼圖

　　視窗左側會列出曾經與對你對話過的朋友清單，並可加入店家的電話和指定地址，如果未曾通訊過的臉書朋友，也可以在左上方的 🔍 處進行搜尋。在這個獨立的視窗中，不管聯絡人是否已上線，只要點選聯絡人名稱，就可以在訊息欄中留言給對方，當對方上臉書時自然會從臉書右上角看到「收件夾訊息」 鈕有未讀取的新訊息。

　　對於紛絲在貼文中的各項留言，一般性的回覆只要在下方的留言區進行留言即可，如果有牽涉到個人隱私的問題想要單獨回覆，可在粉絲留言下方按下「傳送訊息」鈕，它會開啟「撰寫新訊息」的視窗讓管理者撰寫訊息，下方也會將原貼文一併顯示在下方讓粉絲知道緣由。

5-1-4 相機功能

　　根據官分統計，臉書上最受歡迎、最多人參與的貼文中，就有高達90%以上是有關相片貼文，比起閱讀網頁文字，80%的消費者更喜歡透過相片了解產品內容。Facebook內建的「相機」功能包含數十種的特效，讓用戶可使用趣味或藝術風格的濾鏡特效拍攝影像，更協助行銷人員將實體產品豐富的視覺元素，透過手機原汁原味呈現在用戶面前，例如邊框、面具、互動式特效等，只需簡單套用，便可透過濾鏡讓照片充滿搞怪及趣味性。如下二圖所示：

同一人物，套用不同的特效，產生的畫面效果就差距很大

　　要使用手機上的「相機」功能，請先按下「在想些什麼？」的區塊，接著在下方點選「相機」的選項，使進入相機拍照狀態。在螢幕下方選擇各種的效果按鈕來套用，選定效果後按下圓形按鈕就完成相片特效的拍攝。

　　相片拍攝後螢幕上方還提供多個按鈕，除了可隨手塗鴉任何色彩的線條外，也能使用打字方式加入文字內容，或是加入貼圖、地點和時間。如

右下圖所示：

由上而下依序為塗鴉、打字、貼圖、標助人名等設定

可加入貼圖、地點、時間等物件

　　螢幕左下方按下「儲存」鈕則是將相片儲存到自己的裝置中，或是按下「特效」鈕加入更多的特殊效果。

5-2 粉絲專頁簡介

　　Facebook是目前擁有最多會員人數的社群網站，很多企業品牌透過臉書成立「粉絲團」，將商品的訊息或活動利用臉書快速的散播到朋友圈，再透過社群網站的分享功能擴大到朋友的朋友圈之中，這樣的分享與交流讓企業也重視臉書的經營，透過這樣的分享和交流方式，讓更多人認識和使用商品，除了建立商譽和口碑外，讓企業以最少的花費得到最大的商業利益，進而帶動商品的業績。所以經營臉書就非得了解「粉絲專頁」不可。

Facebook是
集客式行銷
的大幫手

　　Facebook粉絲專頁則適合公開性之活動,目的其實就是針對商業活動所設計,因此特別加上了可以設定自己專屬好記的網址。粉絲專頁的特性是任何人在專頁上按「讚」即可加入成為粉絲,同時可以經常在近況動態中,看到自己喜愛的專頁上的消息更新狀況。如果各位是一個組織、企業、名人等官方代表,就可以建立一個專屬的Facebook粉絲專頁。

Panasonic的
粉絲專頁相當
多元化

　　建立粉絲專頁之前，必須要有做足事前的準備，例如需要有粉絲專頁的封面相片、大頭貼照，還需準備粉絲專頁的基本資料，這樣才能讓其他人可以藉由這些資訊來快速認識粉絲專頁的主角。這裡先將粉絲專頁的版面簡要介紹，以便各位預先準備。

— 粉絲專頁名稱

— 粉絲專頁封面
　（也可以是動
　態影像）

— 大頭貼照

■ 粉絲專頁封面

　　進入粉專頁面的第一印象，在螢幕上顯示的尺寸是寬820像素、高310像素，依照此比例放大製作即可被接受。封面主要用來吸引粉絲的注意，所以盡量能在封面上顯示粉絲專頁的產品、促銷、活動等資訊，讓人一看就能一清二楚。

■ 大頭貼照

　　大頭貼照在螢幕上顯示的尺寸是寬180像素、高180像素，為正方形的圖形即可使用，粉絲專頁的封面與大頭貼所使用的影像格式可為JPG或PNG格式。

■ 粉絲專頁基本資料

　　依照您的粉絲專頁類型，加入的基本資料略有不同。儘可能填寫完整資料，這些完整資訊將為品牌留下好的第一印象，如果能清楚提供這些細節，可以讓粉絲更了解你。

　　準備好基本資料後，從臉書右上方按下「建立」鈕，下拉選擇「粉絲專頁」指令，就可以開始建立粉絲專頁。由於粉絲專頁的類別包含了「企業或品牌」與「社群或公眾人物」兩大類別，在此選擇「企業或品牌」的類別做為示範。請在「企業或品牌」下方按下「開始使用」鈕，接著輸入粉絲專頁的「名稱」、「類別」，按「繼續」鈕將進入大頭貼照和封面相片的設定畫面。

　　在大頭貼照和封面相片部分，請依指示分別按下「上傳大頭貼照」和「上傳封面相片」鈕將檔案開啟。

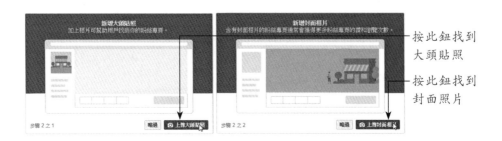

按此鈕找到大頭貼照

按此鈕找到封面照片

　　完成如上的設定工作，就可以看到建立完成的粉絲專頁，對於新手來說，Facebook也有提供相關的說明來協助新手經營粉絲專頁，新手們不妨多多參考，如下圖所示：

顯示新建立的粉絲專頁

下方有提供指導，教導新手如何經營粉絲專頁

　　粉絲專頁的經營代表著企業的經營態度，必須用心管理與照顧才能給粉絲們信任感。透過粉絲頁與與粉絲們互動是用Facebook行銷的主要目的之一，回答粉絲的留言也要將心比心，因為他們很想知道答案才會發問，所以只要想像自己有疑問時，希望得到什麼樣的回答，就要用同樣的態度回覆留言，這樣的作法會讓讀者感到被尊重，進而提升對公司的好感。

5-2-1 粉絲專頁管理者介面

　　當你擁有粉絲專頁，當然就要進行管理，管理者切換到粉絲專頁時，除了可以在「粉絲專頁」的標籤上看到每一筆的貼文資料，還會在頂端看到「收件匣」、「通知」、「洞察報告」、「發佈工具」等標籤，這是粉絲專頁的管理介面，方便管理員進行專頁的管理。

粉絲專頁的管理者介面由左側可進行活動的建立、查看評比、編輯聯絡資訊、或進行推廣

■ 收件匣

當粉絲們透過聯絡資訊發送訊息給管理者，管理者會在粉絲頁的右上角  圖示上看到紅色的數字編號，並在「收件匣」中看到粉絲的留言，利用Mesenger程式就能夠針對粉絲的個人問題進行回答。

■ 通知

粉絲專頁提供各項的通知，包括：粉絲的留言、按讚的貼文、分享的項目，以及提示管理者該做的動作。有任何新的通知，管理者都可以在個人臉書或粉絲專頁的右上角 圖示上看到數字，就知道目前有多少的新通知訊息。查看這些通知可以讓管理者更了解粉絲專頁經營的狀況以及可以執行的工作。

另外，在「通知」標籤中除了了解各項通知外，從左側還可以邀請朋友來粉絲專頁按讚，對於哪些朋友未邀請，哪些朋友已邀請並按讚，或是邀請已送出未回覆的，都可一目了然。

CHAPTER

5

1. 切換到「通知」標籤

3. 顯示朋友邀請的狀況與回覆的情形

2. 點選「邀請朋友」

■ 洞察報告

　　粉絲專頁也內建了強大的行銷分析工具，在「洞察報告」方面，對於貼文的推廣情形、粉絲頁的追蹤人數、按讚者的分析、貼文觸及的人數、瀏覽專頁的次數、點擊用戶的分析等資訊，都是粉絲專頁管理者作為產品改進或宣傳方向調整的依據，從這些分析中也可以了解粉絲們的喜好。另外，貼文發佈的時間、貼文標題、類型、觸及人數、互動情況等，也可以在洞察報告中看得一清二楚喔！

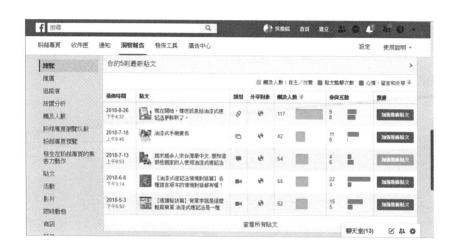

■ 發佈工具

在「發佈工具」標籤中，對於已發佈的貼文能看到各貼文的觸及人數、及實際點擊的人數，另外，發佈的影片實際被觀看的次數也是一目了然，對於粉絲有興趣的內容不妨投入一些廣告預算，讓其行銷範圍更擴大。

5-2-2 管理與切換粉絲專頁

　　有些品牌的管理者擁有多個粉絲專頁，要想切換到其他的粉絲專頁進行管理，在個人臉書首頁的左側即可進行切換，如圖示：

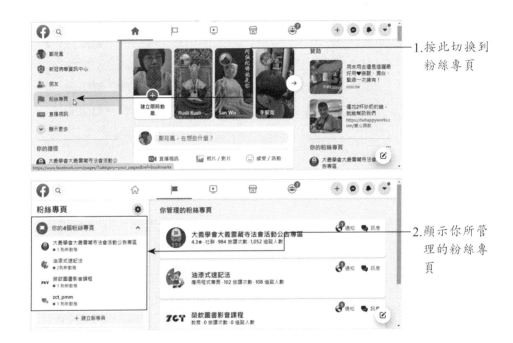

1. 按此切換到粉絲專頁

2. 顯示你所管理的粉絲專頁

5-2-3 粉絲專頁的編輯功能

　　店家要讓粉絲們對於你的粉絲專頁有更深一層的認識，符合的相關資訊最好都能填寫完整，才能讓其他人了解你，使提供的資訊效益極大化。當要編寫粉絲專頁的資訊，請將粉絲專頁下移，在「關於」的欄位下方點選「編輯粉絲專頁資訊」的按鈕，就能編輯粉絲專頁的資訊：

1.按此鈕

2.依序切換到「聯絡資料」、「定位服務」、「營業時間」、「更多」等標籤頁進行資料的輸入

5-3 粉絲專頁的推廣法則

　　剛開始建立粉絲專頁時，由於觸及率範圍有限，想要讓粉絲專頁有更多人知道，進而知道各項商品資訊而產生購買的慾望和衝動，那麼不妨透過活動的舉辦、建立優惠／折扣、或是里程碑等方式來推廣粉絲頁，讓潛在的客戶能夠有機會看到專頁的內容。經營者藉由活動的舉辦或優惠折扣可有效活絡與粉絲之間的互動，讓彼此的關係更親密更信賴。

5-3-1 舉辦活動

　　在粉絲頁上建立活動，通常需要設定活動名稱、活動地點、舉辦的時間、以及活動相片，這樣就可讓粉絲們知道活動內容。要針對粉絲專頁來舉辦活動，請由貼文區塊下方點選「舉辦活動」 🔲，即可建立新活動。

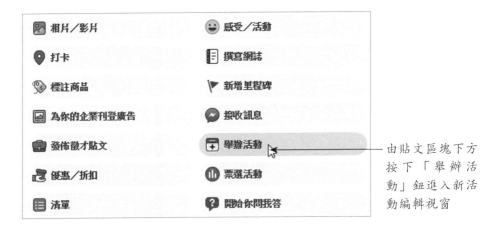

由貼文區塊下方按下「舉辦活動」鈕進入新活動編輯視窗

　　進入新活動的編輯視窗後，先按下「更換相片或影片」鈕上傳活動相片或影片，輸入活動名稱、地點、舉辦的頻率和開始時間，就可以進行發佈，如果有更詳細的活動類型、活動說明、關鍵字介紹，或是需要購置門票等，都可在此視窗中做進一步說明。

　　發佈活動訊息後，接著可以在FB上邀請好友們來參與，並透過FB宣傳活動訊息，管理者也可以透過調查統計的功能，讓好友們回覆參予活動的意願。另外，也可以將活動訊息分享到動態消息或分享到Messenger上，就可以讓更多人知道。

CHAPTER

5

由此查看洞察報告

活動舉辦時間

　　在活動內容的下方，各位可以邀請朋友一起來參加，或是由「分享」鈕選擇分享到Messenger、或以貼文方式分享。如果要加強推廣活動使觸及更多的用戶，那就得支付廣告的費用喔！

5-3-2 建立優惠和折扣

　　粉絲專頁上建立優惠、折扣，或是限定時間的促銷活動，可讓客戶感受賺到和撿便宜的感覺，進而刺激他們的購買欲望。所建立的優惠折扣，可以設定用戶在實體商店或是在網路商店中進行兌換。由貼文區塊下方點選「優惠／折扣」的選項，將會看到如下的視窗，請設定標題名稱、到期日、以及插入要做優惠或促銷的廣告圖片，按下「發佈」鈕就可以進行發佈。

如果你想進一步推廣活動或是鎖定特定族群做宣傳，可按下「加強推廣貼文」鈕或是透過廣告管理員建立優惠，這樣就可以選擇客戶群、版位、預算或廣告時間。特別注意的是，一旦建立優惠就無法再次編輯或刪除，所以發佈之前要仔細確認所有的產品資訊是否有誤，千萬不要「千」元商品變「百」元，賺錢不成先賠掉所有本。

5-3-3 新增／編輯里程碑

　　里程碑是粉絲專頁中一種特殊的貼文，可以在粉絲專頁的動態時報上突顯對你的重大時刻。新增里程碑可以分享重要的事件，或是述說粉絲專頁的故事。各位可以由貼文區塊下方點選「新增里程碑」 🚩 ，就能在如下的視窗中進行標題、地點、時間、故事分享、相片的設定。

5-3-4 新增行動呼籲按鈕至粉絲頁

　　「行動呼籲按鈕」主要是協助粉絲們透過Messenger、電子郵件、手機等方式聯絡管理人員，也可以進行購物、點餐、捐款、下載應用程式、預約服務等事宜。由於該按鈕是顯示在封面圖片的右下方，所以較容易引人注意，方便粉絲們點選後，可以前往指定的頁面。

　　行動呼籲按鈕只有管理員、版主、編輯或廣告主可以加入，要加入時請封面圖片右下方按下藍色的「新增按鈕」，即可新增想要的按鈕類型。

接下來你會看到精靈所提供的步驟，只要跟著步驟指示選擇你要的按鈕類型，就可以依序完成按鈕的設定。

5-4 臉書社團

Facebook是目前擁有最多會員人數的社群網站，很多企業品牌透過臉書成立「粉絲團」或「社團」，將商品的訊息或活動利用臉書快速的散播到朋友圈，再透過社群網站的分享功能擴大到朋友的朋友圈之中，這樣的分享與交流讓企業也重視臉書的經營，透過這樣的分享和交流方式，

讓更多人認識和使用商品，除了建立商譽和口碑外，讓企業以最少的花費
得到最大的商業利益，進而帶動商品的業績。所以經營臉書就非了解「社
團」和「粉絲專頁」不可。

Facebook是集
客式行銷的大
幫手

5-4-1 社團的建立

　　臉書社團指相同嗜好的小眾團體，社團中的成員，彼此間可以分享資
訊與進行互動，例如分享心情小語、近照與影片。在社團中的成員，也可
以利用郵件列表的方式保持聯絡。社團和粉絲專頁有點類似，不過，社團
採取邀請制，其中的成員互動性較高，而且每位成員都可以主導發言。臉
書「社團」目前已擁有超過10億個用戶，其最大價值在於能快速接觸目
標族群，透過社團的最終目標不單是為了創造訂單，而是打造品牌。

　　例如Panasonic麵包機便是很好的範例，愛好者進入專屬社團且主動
分享食譜。「桂格」企業也同樣擁有多個社團，社團專頁包括了桂格寶寶
童樂會、桂格健康講堂、桂格燕麥等多個粉絲專頁，單單「桂格燕麥」這
項商品就有60多萬人說讚，這對企業品牌來說，永續經營這些粉絲專頁
就能輕鬆為品牌行銷，樹立良好的品牌形象。臉書社團可以吸引志同道合
的朋友，如果沒有長期的維護經營，有可能會使粉絲們取消關注。

桂格燕麥單一產品就能擁有60多個粉絲按讚

　　要建立臉書社團，只要從臉書右上方按下「建立」鈕，下拉選擇「社團」指令，就可以替你的社團命名和加入會員。

1.執行「建立 / 社團」指令

建立新社團　　　　　　　　　　　　　　　　×

社團非常適合大家一起通力合作、相互聯繫。你可以在社團中分享相片和影片、進行對話和擬訂計劃等。

替你的社團取個名字

新增一些成員

輸入姓名或電子郵件地址……

選擇隱私設定　　　　　　　　　　　深入瞭解社團隱私

🌐 公開社團
所有人都可以找到這個社團、查看其中的成員和他們發佈的貼文。

☐ 置頂到捷徑　　　　　　　　　　　　　　　建立

2. 由此設定社團名稱、新增成員、隱私選擇，即可建立社團

　　臉書的社團可以是公開社團、不公開社團、私密社團；「公開社團」是所有人都可以找到這個社團，並查看其中的成員和他們發布的貼文。「不公開社團」是所有人都可以找到這個社團，但只有成員可以查看其中的成員和他們發布的貼文，而「私密社團」只有成員可以找到這個社團，並查看其中的成員和他們發布的貼文。建立後的社團只要人數尚未滿5000人，管理者就可以隨時變更社團的隱私設定。

　　至於社團的貼文發佈一樣是在「動態消息」區進行，任何社團成員只要在該區塊中按下滑鼠左鍵即可開始撰寫貼文內容。

5-4-2 社團管理項目

　　建立社團後管理員必須要進行管理，才能讓社團永續經營。社團管理的工作包括了貼文主題的管理、排定發佈的貼文、制定規則、社團加入申請、批准通知、被檢舉的內容、以及管理員活動紀錄等。由社團封面下方

按下「更多」鈕，下拉選擇「管理社團」指令，或是從社團左側點選「管理社團」的頁籤，就會看到如右下圖所列的管理項目。

社團管理的項目

- **管理員活動紀錄**：列出管理員所執行過的各項動作。
- **貼文主題**：建立主題、主題排序設定、編輯／刪除主題、或做主題置頂等設定。
- **排定發佈的貼文**：顯示已排定但未發佈的貼文。
- **社團加入申請**：顯示「由成員邀請」或「已要求加入」的名單，管理員可進行批准或拒絕的動作。
- **批准通知**：設定有用戶要求加入社團時接收通知或是不接收通知。
- **制定規則**：可為社團建立10條以內的規則，讓社團會員可以遵守。
- **遭成員檢舉**：顯示其他成員檢舉的貼文、限時動態或留言，讓管理員進行檢視，以便作保留或刪除等處置。
- **遭自動標示**：當貼文、留言、限時動態等項目違反社群守則，臉書就會自動標示並顯示在此。管理者若略過遭標示的內容，這些內容就會自動在30天後永久刪除。

本章習題

1. 請說明在社群網站中「粉絲」跟「朋友」的差異。

2. Facebook廣告有哪些方式？試說明之。

3. 請簡介限時動態（Stories）功能。

4. 「悄悄傳」功能有什麼好處？

5. 粉絲專頁和個人臉書有何不同？

第六章

Instagram 行銷特訓教材

　　Instagram是目前最強大社群行銷工具之一，能快速增加接觸潛在受眾的機會，尤其是30歲以下的年輕族群。因為它可以將用戶利用智慧型手機所拍攝下來的相片，透過濾鏡效果處理、相片編修、裝飾物、插圖、塗鴉線條、心情文字等各種功能，讓相片變得活潑生動而有趣，或是拍攝創意影片、進行直播等，然後再將成果分享到Facebook、Twitter、Flickr、Swarm、Tumblr等社群網站。行銷目的定位在擴大目標族群，除了生活點滴快速分送給親朋好友知道外，也可以進行特定人物的追蹤，隨時了解追蹤對象的最新動態。第一次使用Instagram可以使用電話號碼或電子郵件來進行註冊，也可以選擇使用Facebook帳號直接登入。若以Facebook帳號進行登入，可得知哪些臉書朋友已使用Instagram程式，進而進行追蹤設定。

Espirit透過IG發佈時尚短片，引起廣大迴響

　　一般來說，使用個人手機登入Instagram程後，下次直接在桌面上按下 鈕就能進入。除非你有多個帳號需要進行切換，或是你先前有進行「登出」的動作才需要再次登入。而「登出」指令是在個人頁面 的右上方按下「選項」鈕 鈕，接著點選「設定」指令，再由「設定」頁面最下方選擇「登出」指令，即可進行登出動作。

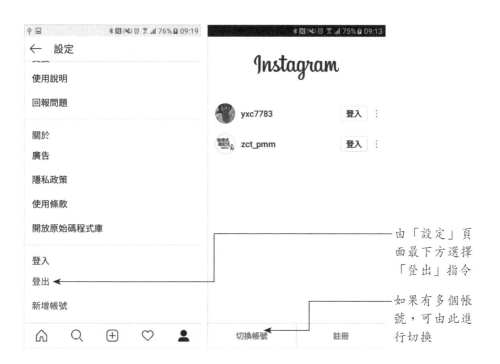

由「設定」頁面最下方選擇「登出」指令

如果有多個帳號，可由此進行切換

6-1 IG新手入門

　　IG是以圖像傳達社群資訊的有力工具，它的「個人」頁面是以方格狀的顯示所有已分享的相片／影片，網紅、藝人運用這些美麗驚豔的相片影片而大放異彩，吸引更多人的注意與追蹤，這是經營個人風格和商品的最佳平台。方格狀陳列所有畫面，讓作品一覽無遺，不用文字說明也能快速找到想要的目標。

網紅或藝人都透過Instagram與粉絲們互動,用以行銷自己

　　為了讓各位對IG的使用有初步的體驗,這裡先針對瀏覽相片 / 影片、按讚、留言、珍藏等進行說明。

6-1-1 瀏覽相片 / 影片

　　當各位搜尋任何主題或關鍵字後,頁面中央會以格子狀的縮圖顯現所有貼文,如下圖所示。各位可以看到在格子狀的縮圖右上方還有不同的小圖示,它們分別代表著相片、多張相片 / 影片、或是視訊。

CHAPTER

6

包含多張相片 / 影片

沒有標記的就是單張
相片

視訊影片

　　點選有視訊影片圖示的縮圖，就會自動開啓該用戶的貼文並播放影片
內容，不僅拉近與顧客的距離、成功塑造店家形象。如左下圖所示。對於
貼文中包含有多張的相片或影片，在點進去後只要利用手指尖左右滑動，
就可以進行切換畫面的切換。

影片播放

使用指尖左右滑
動可切換多張畫
面

6-1-2 按讚與留言

在瀏覽他人的貼文時，如果喜歡對方所分享的相片／影片，可在相片／影片的左下方按下♡鈕，它會變成紅色的心型♥，這樣對方就會收到通知。如果要留言給對方，按下◯鈕將會進入「留言」畫面，直接在「留言回應」的方框中進行留言。

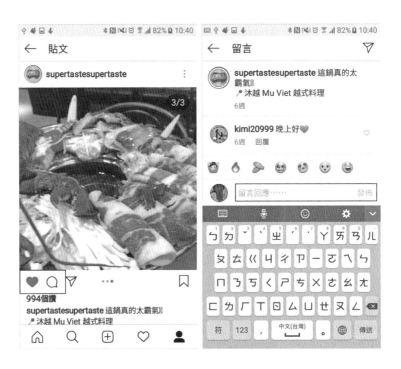

6-1-3 進行珍藏

在圖片當道的時代，看到喜歡的相片與貼文，想要將它保留下來，在相片／影片的右下角按下🔖鈕使變成實心狀態🔖就會幫各位珍藏下來。所珍藏的內容會存放在個人頁面👤，由右上方按下「選項」☰鈕，接著點選「我的珍藏」指令使進入「我的珍藏」頁面，就可以看到所有珍藏的內容。

　　各位如果選用「新增」⊕功能，在拍攝相片後是透過縮圖樣本來選擇套用的濾鏡，Instagram提供的濾鏡效果有40多種，但是預設值只有顯示25種濾鏡，如果你經常使用濾鏡功能，不妨將所有的濾鏡效果都加入進來。只要進入「濾鏡」標籤，將濾鏡圖示移到最右側會看到「管理」的圖示，請按下該鈕會進入「管理濾鏡」畫面，依序將未勾選的項目勾選起來，離開後就可以看到增設的濾鏡。

　　切換到「編輯」標籤則是有各種編輯功能可選用，「編輯」所提供的各項功能，基本上是透過滑桿進行調整，滿意變更的效果則按下「完成」鈕確定變更即可。

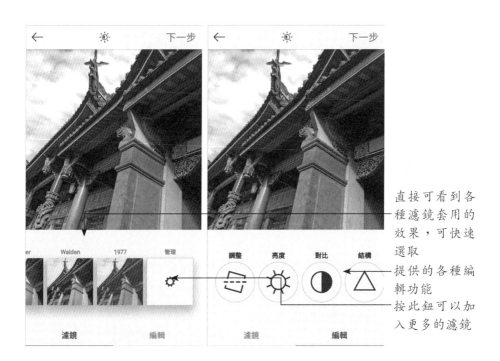

直接可看到各種濾鏡套用的效果，可快速選取

提供的各種編輯功能

按此鈕可以加入更多的濾鏡

6-2-2 用IG拍攝影片

　　Instagram除了拍攝相片外，拍攝影片也是輕而易舉的事。你可以使

用「相機」◎功能，也可以使用「新增」⊕來進行拍攝影片。利用「新增」所拍攝的影片，其畫面爲正方形，可拍攝的時間較長，而且可以分段進行拍攝。使用「相機」功能所拍攝的影片畫面爲長方型，可拍攝的時間較短，且以圓形鈕繞一圈的時間爲拍攝的長度。拍攝時有「一般」錄影、一按即錄、「直播」影片、「倒轉」影片等選擇方式。

■ 一般錄影

按下白色按鈕開始進行動態畫面的攝錄，手指放開案鈕則完成錄影，並自動跳到分享畫面，拍攝長度以彩虹線條繞圓圈一周爲限。

按下白色圓鈕會開始計時，當彩色線條繞完圓圈一周，就不能再繼續拍攝，影片自動跳到分享畫面

■ 一按即錄

選用「一按即錄」鈕，那麼使用者只要在剛開始錄影時按一下圓形按鈕，接著就可以專心拿穩相機拍攝畫面，直到結束時再按下按鈕即可，而時間總長度仍以繞圓周一圈爲限。

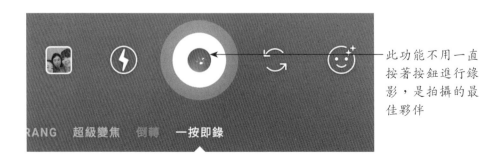

此功能不用一直按著按鈕進行錄影，是拍攝的最佳夥伴

■ 直播影片

選用「直播」，只要按下「開始直播」鈕，Instagram就會通知你的一些粉絲，以免他們錯過你的直播內容。

■ 倒轉影片

選用「倒轉」功能可拍攝約20秒左右的影片，它會自動將拍攝的影片內容從最後面往前播放到最前面。當按下該按鈕時，按鈕外圍一樣會有彩色線條進行運轉計時，環繞一圈就會自動關閉拍攝功能。

將影片反轉倒著播放可以製作出酷炫的影片效果，把生活中最平凡的動作像施展魔法一般變得有趣又酷炫。例如拍攝從上而下跳水、潑水、噴香檳、吹泡泡、飛車等動作，只要稍微發揮你的創意，各種魔法影片就可輕鬆拍攝出來。

透過以上的方式，各位就能盡興地發揮自己的創意與想法，且能快速完成各種有趣的相片與他人分享。

6-3 限時動態與限時訊息

限時動態與限時訊息是Instagram新加入的功能，可將文字訊息或是相片影片傳送給指定的人或是分享的對象，並在限定時間內觀看，超過時間後傳送的內容就會自動消失。越來越受歡迎的限時動態逐漸成為Instagram熱門體驗的重心，由於限時動態是運用Instagram的相機功能來進行拍照錄影，而且變化的效果相當多樣化，這裡要好好的跟各位作說明。

6-3-1 限時訊息悄悄傳

Instagram的「Direct」功能可將文字、相片、影片傳送給指定的人，傳送文字訊息給對方後，對方可以直接進行回覆並回傳訊息給傳送者，而相片可以選擇只能觀看一次或是允許重播。

要使用「Direct」功能，請由「首頁」 🏠 右上角按下 ✈ 鈕，進入「Direct」頁面後找到想要傳送的對象，按下好友後方的相機 📷 鈕就能啟動拍照的功能，或是切換到「文字」進行訊息的輸入，而訊息輸入完成後，按下方的圓形按鈕即可進行傳送。

按此變更範本
樣式

按此鈕進入
「文字」傳送
的功能，如右
圖所示

由此輸入訊息
文字

按此鈕變更色
彩

傳送訊息

6-3-2 限時動態拍攝

　　「限時動態」功能相當受到年輕世代的喜愛，它能讓用戶以動態方式
來分享創意影像，特別是能夠讓品牌在一天之中多次地與粉絲進行短暫又
快速的互動，吸引粉絲們的注意力。對品牌行銷而言，限時動態不但已經
成為品牌溝通重要的管道，正因為限時動態是24小時閱後即焚的動態模
式，會讓用戶更想常去觀看「即刻分享當下生活與品牌花絮片段」的限時
內容。

　　想要發佈自己的「限時動態」，請在首頁上方找到個人的圓形大頭
貼，按下「你的限時動態」鈕或是按下「相機」◎鈕就能進入相機狀
態，選擇照相或是直接找尋相片來進行分享。

按此鈕進行拍照

尚未做過限時動態
的發表可按此大頭
貼，有發佈過限時
動態，則可以按此
鈕觀看已發佈的限
時動態

　　限時動態目前提供文字、直播、一般、Boomerang、超級聚焦、倒
轉、一按即錄等功能，當你將限時動態的內容編輯完成後，按下頁面左下
角的「限時動態」鈕，就會將畫面顯示在首頁的限時動態欄位。這些限時
動態的相片／影片，會在24小時候從你的個人檔案中消失，不過你也能
在24小時內儲存你所上傳的所有限時動態喔！

編輯完成的畫
面，按此鈕就
可傳送出

6-3-3 限時動態的拉客錦囊

　　隨時放送的「限時動態」，目的就是讓使用者看見與自己最相關的內
容，用戶隨時可以發表貼文、圖片、影片或開啓直播視訊，讓所有的追蹤
者得知你的訊息或是想傳達的思想理念。商家面對IG的高曝光機會，更
該善用「限時動態」的功能，為品牌或商品增加宣傳的機會，擬定最佳的
行銷方式，在短暫幾秒中內迅速抓住追蹤者的目光。

這裡可以看到
帳號與倒數的
時間

限時動態中可
以加入文字說
明、票選活
動、標籤、或
提及商家資訊

你的追蹤者如
果有新的限時
動態，就會在
他的大頭貼上
看到彩虹圈
圈，點選大頭
貼就可觀看

CHAPTER

6

　　IG的「限時動態」可以由一連串的相片／影片所組成，利用「插
圖」📷鈕可在相片／影片中添加各種插圖，不管是靜態或動態的插圖都
沒問題，而按下「GIF」鈕可到GIPHY進行動態貼圖的搜尋，成千上萬的
動態貼圖任君挑選使用，不用為了製作素材而大傷腦筋。所以各位應該多
發揮創意，讓你的限時動態呈現多樣化的風貌。

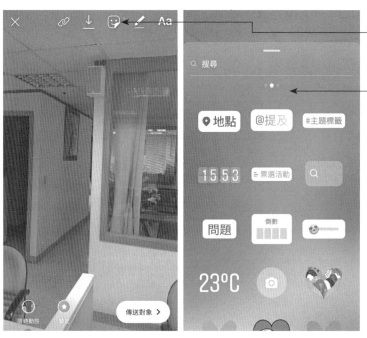

1. 拍照後，按下此鈕使顯現右圖的選單

2. 由此加入標籤、問題搶答、插圖、票選活動、讓你的限時動態豐富萬千

6-4 貼文與分享私房技巧

前面已經介紹了Instagram的相機使用技巧，相信各位應該很熟悉。拍完照後想要分享給他人，相片下方就可以直接選擇「限時動態」、「摯友」或是指定傳送的對象。

必須預先編輯摯友名單才會有此功能

6-4-1 指定傳送對象

當各位在上圖之中按下「傳送對象」鈕，將會進入如下的「分享」頁面，此時直接由你的聯絡對象後方按下「傳送」鈕進行傳送。

按此鈕進行畫面的傳送

6-4-2 編輯摯友名單

Instagram是一個提供相片／視訊分享的社群，用戶可以選擇是否將照片公開或是只私傳給幾個密友。相片若設為公開，那麼任何Instagram用戶就可以依據你的標籤找到你的帳號，若是只想與幾個好友分享，那麼可以自行編輯摯友的名單。

各位想要編輯摯友的名單，可在個人頁面👤中按下右上方的「選項」鈕☰鈕，在「選項」頁面中點選「摯友」指令，即可進入「摯友名單」的頁面。

由此進行人名的搜尋

顯示已加入的摯友名單

　　各位可以直接在「搜尋」的欄位中輸入朋友的中文姓名，Instagram 就會自動搜尋，即使你不知道用戶名稱也沒關係，因為在Instagram中「用戶名稱」可以和姓名不同，用戶名稱隨時可做更改，它只是跟用戶的註冊信箱綁在一起。

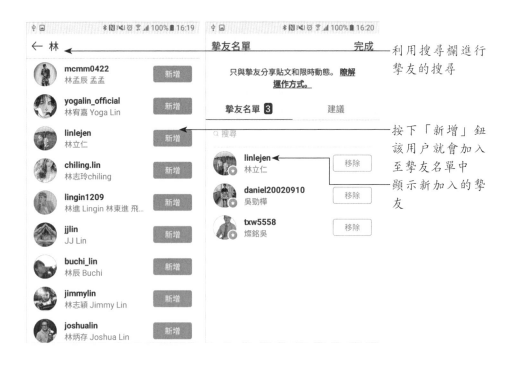

利用搜尋欄進行摯友的搜尋

按下「新增」鈕該用戶就會加入至摯友名單中

顯示新加入的摯友

　　將朋友加入到摯友清單後，這些用戶將可看到你與其分享的所有貼文或限時動態。各位所建立的摯友清單只有你自己知道，Instagram並不會傳送給對方知道。唯有當你分享內容給摯友時，他們才會收到通知，而收到分享的好友們並不會知道你有傳送給那些人分享，所以相當具有隱密性。

6-4-3 分享視訊 / 相片貼文

　　各位想要立即分享視訊、相片給朋友，那麼按下「相機」⬡鈕或「新增」⊕鈕進可以啓動相機功能，就如同前面章節介紹的拍相片或拍影片的方式即可。

　　以「新增」方式爲例，當你拍照或是由圖庫選擇相片後，依序按下右上方的「下一步」鈕就會來到「新貼文」的頁面。如下圖所示：

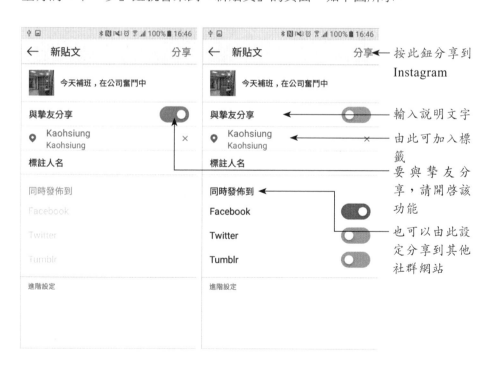

CHAPTER

6

CHAPTER

6

在此頁面中，各位可以輸入說明文字、設定地點，並指定分享的範圍。按下「分享」鈕會分享到Instagram所有用戶，如果你有加入標籤，就可以讓對方查詢得到，要與摯友分享則必須開啓該功能，使按鈕變成綠色，若要分享到Facebook、Twitter、Tumblr等社群網站，只要有其帳號登入，就可以開啓該功能。

6-4-4 相簿多樣呈現內容

由於Instagram允許貼文中放置十張的相片或影片，所以各位應該多加利用，將商品以多樣方式呈現特點，這樣用戶在瀏覽時就可以更清楚的了解商品，讓店家與用戶的互動變得更豐富有趣，增加購買的信心與慾望。

多樣化呈現商品細節，讓用戶更了解商品

6-4-5 善用主題標籤「#」

「標籤」（Hashtag）是全世界Instagram用戶的共通語言，是行銷操作上很好用的工具，透過標籤功能，全世界用戶都可以搜尋到店家的貼文，只要在字句前加上#，便形成一個標籤。透過主題標籤，用戶可以很快找到自己有興趣的主題或相關貼文，所以在貼文中加入與商品有關的標籤標題，就可以增加被用戶看到的機會，也能迅速增加讚數，並增加消費者參與感。

#台中美食 #台中火鍋 #小火鍋#火鍋 #北屯美食 #強生小吠 #台中 #冊竹園鍋坊 #個人小火鍋 #雙人鍋 #翼坂牛肉 #冬令進補 #一夜干 #昆布鍋 #delicious#foodie #igfood #foodstagram #foodphotography #foods #2eat2gether #foodgasm #instafood #foodpron #hotpot #instahotpot

#taichung #taichungfood #foodie #ig_taiwan #igerstaiwan #vscotaiwan #ig_food #igersfood #vscofood #vscodessert #popyummy #popdaily #strawberrytart #matchacake #matcha #matchadessert #matchalover #igfoodie #igfood #台中 #美食 #臺中 #甜點 #台中美食 #台中甜點 #抹茶 #甜點控 #抹茶控 #手機食先 #草莓

　　如上所示，除了地域性標籤、產品屬性、產品名稱、英文標籤、或是熱門的標籤排行榜，商家都應該考慮進去，相關程度較高的標籤也能為你的貼文帶來更多曝光機會，同時透過標籤功能，也可以接收其他人類似的訊息，請各位用心了解多數Instagram用戶喜歡的主題，再斟酌自家商品特點，才能擬出較恰當而不會惹人厭的主題標籤。

　　主題標籤的使用除了應用在主題的搜尋外，在貼文中、相片中、影片中，你都可以加以活用。你也可以像星巴克一樣自創主題標籤，不管是「#好友分享」、「#星想餐」等，都能讓它的粉絲自動上傳相片，成為星巴克的最佳廣告。

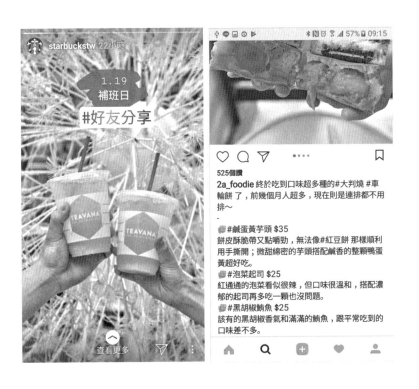

6-4-6 建立網站連結資訊

　　使用Instagram行銷自家商品時，建議帳號名稱可以取一個與商品相關的好名字，並添加「Store」或「Shop」的關鍵字，以方便用戶的搜尋。如下所示，輸入「上衣」或「外套」等字眼，有「shop」的字也會一併被搜尋到，增加曝光的機會。

　　如果你有自己的電子購物網站，最好也加入到個人檔案當中。請由個人頁面👤的右上方按下「選項」鈕⋮鈕，接著點選「編輯個人檔案」的選項，就可以在「網站」的欄位輸入購物網站的網址，以及在「個人簡介」的欄位中介紹自家商品。

網站
網站
_____

個人簡介
個人簡介

　　對消費者來說，社群媒體往往是能最直接接觸到店家的地方，商家在Instagram所發布的貼文，也可以考慮同步發布到Facebook、Twitter、Tumblr等社群網站，就是透過交叉推廣的方式，觸發合作社群的商機。請在「選項」頁面中點選「已連結的帳號」，就會看到如左下圖的畫面，只要各位有該網站帳戶與密碼，輸入帳密之後經過授權，如右下圖所示，就可以與Instagram帳戶產生連結。這樣在做行銷推廣時，不但省時省力，也能讓更多人看到你的貼文內容。

　　除了上述的方式讓Instagram與其他社群網站產生連結關係，增加曝光機會外，「選項」頁面中還有一項「切換到商業檔案」的功能。此功能可以連結到臉書的粉絲專頁，讓顧客直接透過個人檔案上的按鈕與你聯絡，商業用戶也可以透過洞察報告了解粉絲情況並查看貼文成效，就跟臉書的粉絲專頁所顯示的內容差不多。如果不喜歡商業帳號，隨時都可以切換回個人帳號，只是商業檔案的相關功能與紀錄會消失而已，如果各位有興趣不妨試用看看。

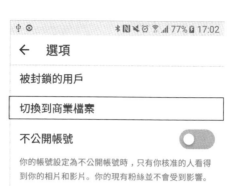

本章習題

1. 請簡介Instagram。

2. 有哪些Instagram登入的方式？

3. 如何將所拍攝的相片／視訊和好朋友分享與行銷？

4. 請簡述限時動態功能。

第七章

微博行銷的關鍵技巧

　　「微博」或「微型博客」是一種允許用戶即時更新簡短文字，並可以公開發布的微型部落格，是全球最熱門、最多華人使用的微網誌。在中國大陸常常使用其簡稱「微博」，在這些微博服務之中，新浪微博和騰訊微博是訪問量最大的兩個微博網站。

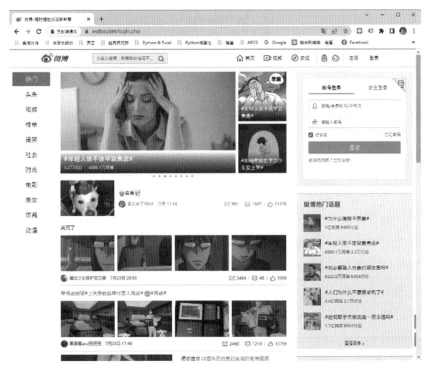

許多知名的韓星都有自己的專屬微博

CHAPTER

7

　　新浪微博是由是由大陸新浪公司所開發的網站,目前在微博市場中,有超過60%的活躍使用者是使用新浪微博,特別是90後年輕用戶在新浪微博中占據相當比例,它是基於用戶關係的訊息分享、傳播以及獲取訊息的平台,新浪微博占據中國微博用戶一半以上的用戶量,提供第一手娛樂、時尚、旅遊、趣聞等各類微博話題,以及國內外最新流行資訊,算是中國版的推特(Twitter)與臉書(Facebook)的混合體,所對應的是年輕族群,也是一種新興的社群網路形式,最大的不同在於「連結」,微博是單向傳播,臉書則是雙向傳播,與微信相比,微博的開放性和曝光度潛力更大於微信。

　　「微博」允許任何人閱讀,或者由用戶自己選擇的群組閱讀,也是一個適合品牌曝光、得到認知與成長的平台。如果要店家或品牌進軍中國市場商機一定要懂得當地社群行銷工具,中國社群媒體的市占率,主要是由微博社群媒體所支配,瞭解並有效的運用當地語言來和消費者溝通,企業可透過微博接觸廣大的大陸市場,更是收集中國客戶消費趨勢和娛樂資訊的好工具,特別是能給年輕創業者帶來了無比想像的契機。

　　所謂微博行銷是指通過微博平台為商家、個人等創造價值，發現並滿足用戶的各類需求的商業行為方式」在微博上運作品牌，粉絲是關鍵，很多藝人都會透過微博發布他們的行程或心情給大家知道，在微博上發出一句話、一段影片，她的所有粉絲都可以在第　時間接收到。因為中國大陸人口眾多，透過微博的發布與分享，可以讓更多的粉絲關注，增加偶像藝人或品牌的名氣與曝光率。很多店家與品牌關注更多的都是微博帳號的粉絲有多少？而沒有把更多的注意力放在用戶的心理和與粉絲互動的訊息上，這些訊息可以透過簡訊、即時訊息軟體、電子郵件、網頁、或是App來傳送，隨時和粉絲分享最新訊息，微博在中國非常有影響力，因為企業要在微博上取得用戶好感，特別是你來我往的互動在中國是必定不可少，就要褪去商業化冰冷的思維，用友善、溫馨與用心來和他們相處。

7-1 開通我的微博

　　微博上可以輸入文字、上傳圖片、紀錄生活大小事，隨時和朋友分享最新資訊，且可以使用電腦或手機來發佈訊息。當各位希望能即時掌握明星藝人的最新動態，隨時分享新鮮事物，或是記錄自己生活的心情點滴，那麼必須先申請一個微博帳號。這裡先針對註冊、登入、個人帳號設定等進行說明。

7-1-1 註冊與登入微博

　　請在微博的官方網站填入個人的帳號、密碼與驗證碼，按下「立即註冊」鈕即可進行註冊。為了避免惡意的註冊，現在都需要驗證手機號碼，請輸入手機號碼後，在30分鐘內從手機簡訊中取得並輸入六位數的驗證碼，提交之後即可成功開啟帳號，開始使用微博服務。

CHAPTER

7

CHAPTER

7

1

①輸入微博台
灣站的網址：
https://www.
weibo.com/tw

②按下「立即註
冊」鈕

2

①輸入手機、密
碼、生日與驗
證碼等資訊

②按下「立即註
冊」鈕

　　接著各位會收到簡訊的驗證碼，提交之後，就完成微博帳號的註
冊，下次輸入帳號與密碼即可登入微博。

CHAPTER

7

1

①輸入帳號與密碼

②按下「登錄」鈕

2

顯示你的微博首頁

如果要離開，請下拉選擇「登出」

　　除了使用手機號碼、電子郵件進行登入外，也可以直接使用Facebook登入微博，另外也可以將Facebook帳號與微博帳號做綁定連結，完成綁定程序後，一旦在微博發文，將會直接同步在Facebook發文。

7-1-2 個人帳號設置

　　想要讓更多人了解你，不妨由右上角的「選項」⚙鈕下拉選擇「帳號設置」使進入下圖視窗，按下右側的「編輯」鈕自行編修個人資料、教育資訊、職業資訊、個人標籤等，讓其他人能夠更了解你。

1. 按此鈕，下切換到如圖的帳號設置頁面

切換到「頭像」可上傳個人相片

按「編輯」鈕可編輯該項資訊

■ 個人資料

各位可別輕忽個人資料的編寫，因為這是其他人認識你的最好機會。如果你是網路名人或明星，想要讓自己的知名度更高，就千萬別讓這些資訊空白，填寫的資訊還可以選擇「所有人可見」、「我關注的人可見」、「僅自己可見」。

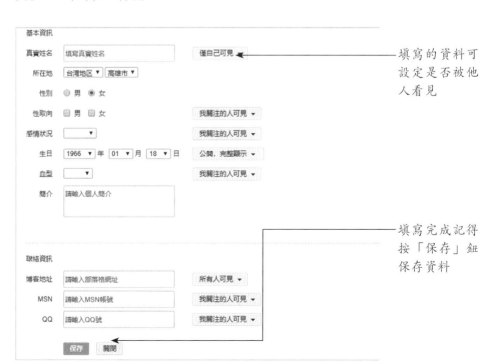

填寫的資料可設定是否被他人看見

填寫完成記得按「保存」鈕保存資料

CHAPTER

7

■ 教育資訊 / 職業資訊 / 個人標籤 / 個性域名

　　設定的教育程度可以在微博上快速找到許久不見的老朋友，填寫職業資訊可讓你的職業圈有更好的發展；個人標籤可以讓更多人找到你，使你有更多的同好，另外還有個性域名的設置，讓朋友更容易記住你的微博網址。

■ 頭像

　　當各位有機會被其他微博用戶搜尋到，那麼第一眼被吸引的絕對會是個人頁面上的大頭貼照，所以大頭貼照的重要性不言可喻。如果想要上傳自己的大頭像，請切換到「頭像」標籤頁，按下「瀏覽」鈕找到要使用的相片，再按下「保存」鈕使之保存相片。

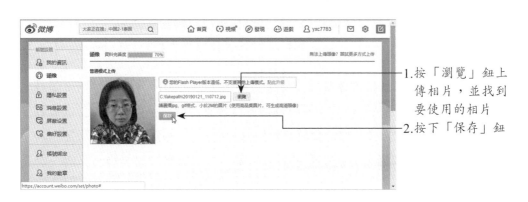

1.按「瀏覽」鈕上
　傳相片，並找到
　要使用的相片
2.按下「保存」鈕

按下「保存」鈕後按下你的暱稱，即可看到自己的主頁畫面。

1. 按下自己的暱稱

2. 顯示主頁畫面，個人大頭像已經更新

至於封面圖的相片，由於必須是微博的會員才能享有自訂封面圖的特權，只要付費開通之後，滑鼠移到封面圖的右上角，當出現「上傳封面圖」的按鈕，就可以進行變更。

必須是微博會員才有變更封面圖的特權

要成為微博的會員需要支付金額，各位可選擇開通1個月、3個月、6個月或12個月，付款方式有微信支付、支付寶、手機、翼支付或會員卡支付等選擇方式。微博會員擁有裝扮、身分、功能、手機等四大類服務，享有35種特權，這些特權包括：專屬模板、專屬標誌、排名靠前、優先

推薦、直播升級加速、微博置頂、關注上限提高、後悔藥等。如果你是明星、名人或是想要使用微博進行行銷的商家可以考慮加入會員。

7-2 搜尋與關注名人

對於喜歡的名人或明星對象，各位都可以在微博上進行搜尋，然後將他們加入你的關注對象之中，這樣就可以隨時知道他們的最新動態。你也可以將關注對象進行分類管理，或進行特別關注，也可以私訊他們！這裡先針對這些功能做說明。

7-2-1 搜尋關注對象

曝光率就是行銷的關鍵，且和關注人數息息相關，在微博裡想要針對特定的名人或感興趣的朋友進行搜尋，可在個人帳號頂端的搜尋列進行搜尋。

由此輸入搜尋的關鍵字

例如筆者在搜尋欄位中輸入「鄭爽」，就可以馬上看到關注人物的相關微博或相關用戶。

1.輸入關鍵字，按下「搜尋」鈕

2.顯示與鄭爽相關的用戶

當你找到想要關注的對象後，針對該用戶按下橙色的「關注」鈕，該按鈕就會變更成灰色「已關注」鈕。如下圖示：

按此鈕進行關注

顯示已關注狀態

設定關注之後，回到我的主頁按下右側的「關注」，即可看到剛剛新加入的關注對象了。

1

①切換到我
　的暱稱

②按下「關
　注」

2

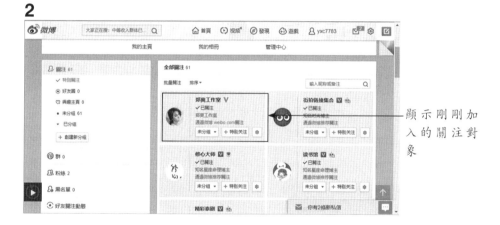

顯示剛剛加
入的關注對
象

7-2-2 分組關注對象

　　當你關注的對象越來越多時，你可以將關注者進行分類管理，預設有
「特別關注」、「名人明星」、「同事」、「同學」等四類，也可以自行
創建新的分組。分組的方式如下：

1

①下拉此鈕

②勾選要分
的組別

2

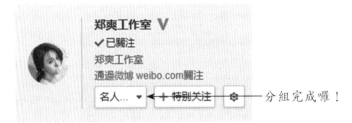

分組完成囉！

7-2-3 設置備註

如果所關注的對象或朋友暱稱經常變來變去，為了怕搞不清楚對
象，可以透過「設置備註」的方式來進行變更。

1

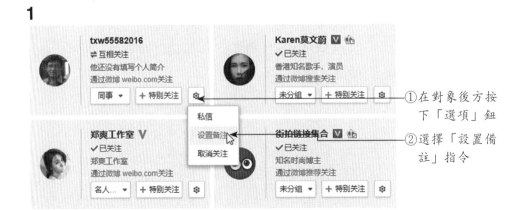

①在對象後方按
下「選項」鈕

②選擇「設置備
註」指令

2

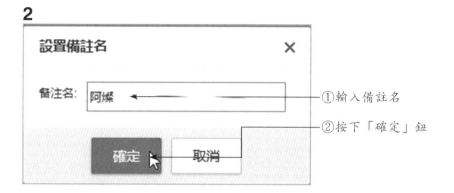

①輸入備註名

②按下「確定」鈕

3

變更完成

7-2-4 進行關注

當你將關注的對象加以分組後,往後進入你進入個人的微博首頁,就可以從分組的地方看到這些關注對象的最新消息。

1.由此切換對象的分組

2.顯示最新的消息

7-2-5 按讚 / 收藏 / 留言

　　按讚與留言數是互動的指標之一一個好品牌的滿意度可以在微博上獲得數千個按讚數,對於關注對象的貼文內容,如果你喜歡的話,不妨按個讚給於鼓勵。在每個貼文右下方有提供「讚」、「高興」、「驚訝」、「憤怒」、「悲傷」等表情符號,選一個覺得恰當的符號按下去就對了。

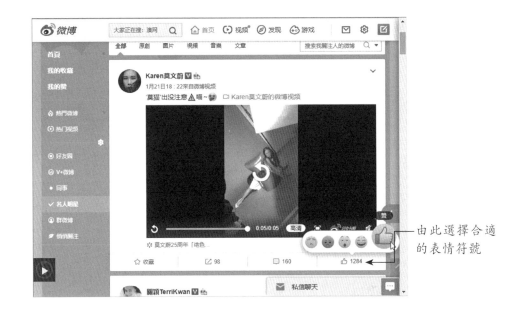

由此選擇合適的表情符號

　　針對喜愛的內容你也可以加以收藏,按下貼文左下角的「收藏」鈕,會出現如下圖的「收藏成功」對話框,輸入標籤名稱按下「添加」鈕就可完成收藏。

2. 出現「收藏成功」對話框,可為收藏輸入標籤,輸入完成按「添加」鈕

1. 按下「收藏」鈕

你所收藏的內容都會保留在你的個人首頁上,由左側切換到「我的收藏」即可看到。

1. 點選個人「首頁」

2. 切換到「我的收藏」

3. 顯示目前收藏的標籤與內容

另外，在微博上的任何貼文你都可以發表評論，按下「評論」鈕即可在下方出現的欄位中輸入要評論的文字

1.按此鈕進行評論

2.出現此欄位即可輸入評論

7-3 微博集客祕笈

一個產品的準確定位，可以把對的產品透過微博帶到對的粉絲中，也是一個適合品牌曝光、認可與成長的平台。微博和臉書一樣，想要玩微博行銷，基本功夫得先掌握好，不要認為只要申請一個微博帳號，就可以輕鬆經營微博，基本功打好根基，才能為行銷之路奠定良好根基。經營微博真的需要有花費一段時間做功課，要成功吸引到有消費力的客群加入需要不少心力，不能抱著只把短期利益擺前頭，也不能因為「別人都這樣做，所以我也要做」的盲從心理。

　　請注意！在微博上運作品牌，粉絲是關鍵，例如經營店家的微博帳戶時，必須要幫粉絲去解決問題，了解他們的情況，然後告訴他們使用方法，平時也可以分享小編日常生活中大小事情跟粉絲搏感情，偶爾也可以作為商品的宣傳，持續保證用心服務，這樣的粉絲才是有效粉絲。

7-3-1 發佈最新消息

　　微博是第一個整合繁簡體中文的平台，不像Facebook有五花八門的功能，利用140個字短文和一對多、單向傳播的方式，就可記錄生活心情或品牌訊息，讓用戶與粉絲或關注者進行雙向的分享。不會有人想追蹤一個沒有內容的用戶，因此貼文內容扮演著最重要的角色，規律地發佈獨特且有趣的貼文，隨時注意貼文下方的留言並與粉絲互動，如此才能建立潛在的客戶。如果是在微博進行商品推廣時，雖然隱藏在貼文背後的是「零距離的溝通」，不過最好不要一味地推銷商品，而是在文章中不露痕跡地講述商品的優點和特色。了解他們喜歡聽什麼、看什麼，或是需要什麼，這樣撰寫出來的貼文較能引起共鳴。

　　各位準備要發佈貼文，只要在首頁最上方的區塊中輸入你想告訴大家的新鮮事，按下「發佈」鈕就可以搞定。

1.點選「首頁」
2.由此輸入文字內容
3.按下「發佈」鈕

　　發佈成功後，請按下你的暱稱切換到「我的主頁」，就可以看到剛剛發佈的內容囉！

1.點選我的暱稱

2.顯現剛剛發佈的貼文

如果你要推銷的內容有連結的網址，那麼千萬別忘記附上，因為在微博上它會自動以紅色的「網頁鏈接」顯示，閱讀的網友就可以輕鬆連接到該處以獲得更多的資訊。

7-3-2 編輯微博

剛剛快速地將最新的消息編寫完成就按下「發佈」鈕進行發佈，萬一發佈後才發現有錯別字或文辭不通的地方，也可以再次進行編輯喔！請由右上角下拉選擇「編輯微博」指令就可以進行修正，不過只有微博的會員才有此特權，非微博會員「沒法度」進行變更。

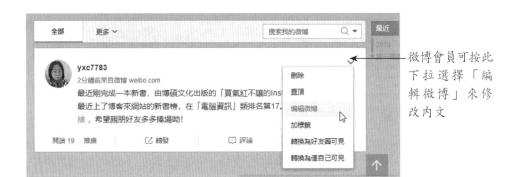

微博會員可按此下拉選擇「編輯微博」來修改內文

7-3-3 發佈圖片／影片等各式貼文

　　各位發文要成功吸睛，最重要的就是圖片／影片的美麗呈現，因為拍攝的相片不夠漂亮，很難吸引用戶們的目光，粉絲永遠都是喜歡網路上美感的事物，最好還能找到合適的新聞切入點與熱門帳號聯合宣傳。店家要在微博上發佈圖片或影片也不是問題，圖片或影片吸睛的效果本來就比文字更有效，有圖為證更具公信力。影片上傳以4 GB為限，上傳時必須填寫視訊標題、專輯、分類、標籤等，目的是讓網友在搜尋時可以快速找到合適的目標。標籤通常以3～5個標籤較為適合，過少可能減少曝光機會，盡可能符合你的影片的訴求目標。這裡以影片上傳做示範：

1

①輸入貼文內容
②按下「視頻」鈕

2

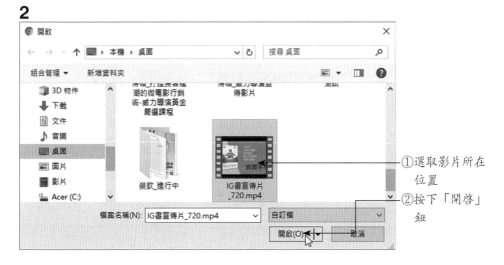

①選取影片所在位置
②按下「開啟」鈕

3

①依序輸入標
　題、選擇
　分類、加
　入標籤

②按下「完
　成」鈕

4

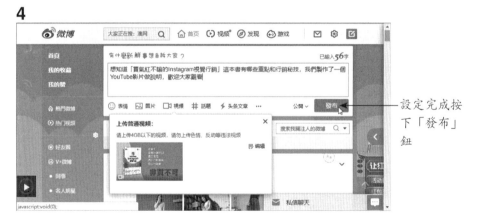

設定完成按
下「發布」
鈕

　　完成如上動作後，你會在頁面下方看到發布的效果，如左下圖所示。另外，微博視頻也會另外傳送一條私訊給你，告知你視頻轉碼已經完成並自動發出。所附上的網址各位也可以將它剪下，在貼到其它的社群網站或群組中，以便邀請其他親朋好友來此按「讚」。如右下圖所示：

　　微博上除了發布文字、圖片、影片等貼文外，還有直播、評論、新鮮事、投票等各式各樣的發布與活動方式，例如可以透過種種粉絲優惠活動和線上問與答的方式，進一步經營與使用者的關係，接下來請在貼文區塊下方按下「選項」鈕即可看到各種選項。

按此鈕，顯現各種的發布方式

7-3-4 善用主題標籤#

　　「主題標籤」（Hashtag）是目前社群網路上相當流行的行銷工具，不但已經成為品牌行銷重要一環，可以利用時下熱門的關鍵字，並以Hashtag方式提高曝光率。不管是微博、Instagram、Facebook，在搜尋或是貼文中都可以善用主題標籤符號「#」，只要字句前加入#，就會關聯

到公開的內容，我們可以把它視爲標記「事件」，當他人透過標籤搜尋主題時，就可以輕鬆搜尋到你的貼文。貼文中所加入的標籤，當然要和行銷的商品或地域有關，除了中文字讓華人都查看得到，也可以加入英文、日文等翻譯文字，這樣其他國家的用戶也有機會查看得到你的貼文或相片。

貼文中可善用主題標籤「#」

本章習題

1.請簡介微博行銷。

2.微博有哪些功能？

3.請簡介至少兩種登入微博的方法。

4.微博的會員有哪些支付方式？

微電影行銷入門與製作

　　影片是一個最容易吸引用戶重視的呈現方式，靜態廣告轉化為動態的影片行銷已經成為勢不可擋的時代趨勢，換句話說，在網路瀏覽的各種內容，絕大多數是影片，影音視覺呈現更能直接有效吸引大眾的眼球。各位可曾想過每天擁有數億造訪人次的YouTube也可以是你的網路行銷利器嗎？除了影片功能之外，它也可以成為強力的行銷工具，影片不但是關鍵的分享與行銷媒介，更開啓了大眾素人影音行銷的新藍海。

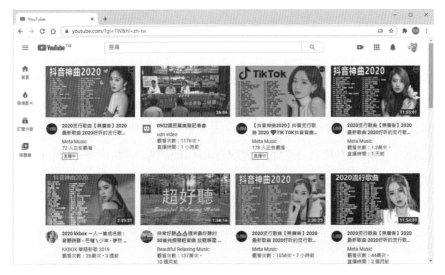

YouTube目前已成為全球最大的影音社群網站

許多網路上的搜尋是透過YouTube而非Google，當然店家貨品牌都可以利用YouTube平台來進行網路行銷。YouTube帶來的商機其實是非常大，影片絕對是吸引人的關鍵，最重要是應該要提供讓別人感興趣想去看的影片。在Youtue上要讓影片爆紅當然除了內容本身占了80%以上原因，包括標題設定的好、影片識別度、影片的引導、剪接的流暢度等是原因之一。

8-1 認識YouTube社群

隨著智慧型手機蓬勃發展後，「看影片」與「錄影片」變得如同吃飯、喝水一般簡單，根據Yahoo的最新調查顯示，平均每月有84%的網友瀏覽線上影音，70%的網友表示期待看到專業製作的線上影音。YouTube是目前設立在美國的一個全世界最大線上影音網站，也是繼Google之後第二大的搜尋引擎，在YouTube上有超過13.2億的使用者，每天的影片瀏覽量高達49.5億次，使用者可透過網站、行動裝置、網誌、社群網站和電子郵件來觀看分享各種五花八門的影片。

任何人只要擁有Google帳戶，都可以在Youtube上傳與分享個人錄製的影音內容，各位可曾想過YouTube也可以是店家的行銷利器嗎？因為透過影片的傳播，更能完整傳遞商品資訊，當店家或品牌想要在網路上銷售產品時，利用影片以三百六十度方式來呈現產品規格，動態視覺傳達可以在第一秒抓住眼球。各位想要進入YouTube網站，除了輸入它的網址外（https://www.youtube.com/），如果你有有登入Google帳戶，可以從鈕下拉，直接進入個人的YouTube。

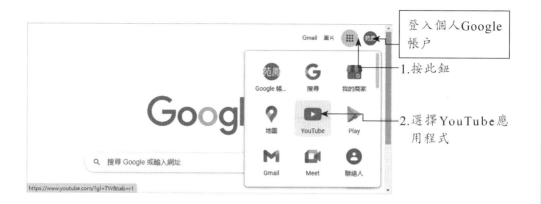

登入個人Google帳戶

1.按此鈕

2.選擇YouTube應用程式

CHAPTER

8

8-1-1 影片欣賞

　　當各位進入YouTube後，在左側的「首頁」會顯示YouTube為您推薦的影片，或是你有訂閱的影片，方便你快速觀賞。只要點選縮圖，即可進行觀賞。

1.點選喜歡的影片縮圖

2.影片播放中

8-1-2 訂閱影音頻道

各位對於某一類型的影片或是針對某一特定人物所發佈的影片有興趣,可以考慮進行「訂閱」的動作,這樣每次有新影片發佈時,你就可以馬上觀看而不會錯過。

按此鈕進行訂閱

8-1-3 影片搜尋技巧

在YouTube平台上,任何人都可以尋找有興趣的影片主題,要搜尋影片是相當簡單,只要輸入所要查詢的關鍵字,查詢結果會先跑出完全符合或部分符合關鍵字的影片

1. 在此輸入要搜尋的關鍵字
2. 底下跑出一堆完全符合或部分符合關鍵字的影片

如果想要更精確的搜尋結果,建議先輸入「allintitle:」,後面再接關鍵字,就會讓搜尋結果更符合你所要搜尋的結果。

8-1-4 自動翻譯功能

　　當觀看外國影片時，特別是非英語系的國家，可能完全都聽不懂它在講什麼。事實上YouTube有提供翻譯的功能，能把字幕變成你所熟悉的語言。以下以自動翻譯成-繁體中文做說明。

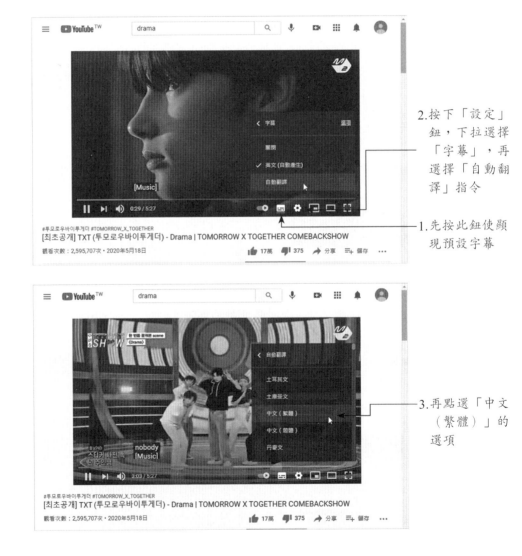

2.按下「設定」鈕，下拉選擇「字幕」，再選擇「自動翻譯」指令

1.先按此鈕使顯現預設字幕

3.再點選「中文（繁體）」的選項

4.字幕已變更
　為中文囉！

8-2 微電影簡介

　　隨著5G網路及手持行動裝置的快速普及，影音目前已經躍然是網路行銷的主流之一，YouTube提供了分享平台，讓大家可以自由上載影片，和他人分享，看Youtube影片、聽音樂已經成爲許多人生活中不可或缺的一個動作。在這個講求效率的行動時代，誰有興趣在手機上去看數十分鐘甚至一小時以上的影片，影片必須要在幾秒內就能吸睛，只要影片夠吸引人，就可能在短時間內衝出高點閱率。

暖心的微電影最受大眾喜愛

　　近年來快速興起一種新型態影音作品「微電影」（Micro film），是指一種專門運用在各種新媒體平台上播放的短片，適合在行動狀態或短時間休閒狀態下觀看的影片，能在最短的時間內讓網站更有效地向準客戶傳達產品的特色與好處。它的特點是具有完整的故事情節，播放長度短、製作時間少、投資規模小，長度通常低於300秒，可以獨立成篇，而內容則融合了幽默搞怪、時尚潮流、公益教育、形象宣傳等主題。許多行銷人員看中微電影小而美但傳播力強的特性，透過微電影進行產品廣告或品牌宣傳，成為目前深受矚目的行銷手法。

8-2-1 微電影製作輕鬆學

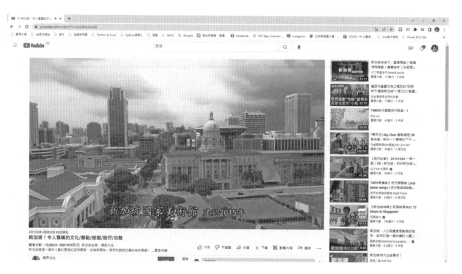

新加坡旅遊局所拍的微電影廣告

　　微電影相較於一般的企業宣傳片，內容更容易讓閱聽者接受，本質上微電影就是另類呈現的廣告模式，娛樂仍是吸引觀眾主要的接受型式，除了視覺表現之外，越是搞笑、趣味或感動人的情節，就越容易吸引網友轉寄或分享，才能加深網友黏著度，最好就是要能夠說一個精彩故事，靠的正是故事性與網友的情感共鳴。

8-2-2 劇情鋪陳技巧

　　任何一部影片劇本最好都要有一個訴求或想傳達的理念，我們要思考「什麼樣主題最適合自家頻道？」以及「要和粉絲表達些什麼？」，各位想要利用Youtube來達到獲利目的與宣傳效果，除了精彩內容創作之外，還必須配合如劇情鋪陳、後製剪片、添加特效、分鏡處理等前置作業。第一步當然必須了解製作影片的流程，這裡提供一些建議與做法供各位做參

考，只有完整規劃內容，聚焦導引觀眾，同時注重整體氛圍的安排，才能在眾多的影片當中脫穎而出。流程簡要說明如下：

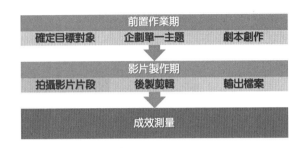

目前影片與觀眾溝通的方式不外乎二種：一種是以情感故事作為訴求，透過一系列的劇情來打動觀賞者的認同感，串聯起品牌行銷的故事，進而能與觀眾產生共鳴的內容更具傳播力。在另外一種方式則是透過主題式情節來完整闡述所要表現的目的和想法，透過置入性的行銷來達到推廣其商品或服務的目的，讓原本的廣告模式既可以說想說的話題，又能夠達到產品的呈現。

「母親的勇氣」微電影廣告帶來超高的點擊率

　　對於首次學習微電影編輯的新手來說，除了要學會各種媒體素材的使用技巧外，經常還會遇到許多惱人的問題而不知所措。接下來我們將以「威力導演」做示範，告訴各位如何一手掌握微電影的製作技術，包括匯入媒體素材、串接影片、編修視訊、加入片頭效果、轉場、錄製旁白和配樂。期望各位都能將所學到的功能技巧應用在微電影的專案設計中。

8-2-3 素材匯入與編排

　　當各位啟動威力導演後，先將專案顯示比例設為「16：9」，選用「時間軸模式」，使進入威力導演程式，我們先將媒體素材匯入進來，排列素材的先後順序，並將所要覆疊的相關物件一一排列到其他視訊軌中。首先我們將所需的素材匯入，並完成專案檔的儲存，以利之後的檔案儲存。

1

②按下「匯入媒體」鈕

③下拉選擇「匯入媒體檔案」指令

①點選「媒體工房」

2

①選取資料夾中的所有素材

②按下「開啟」鈕開啟檔案

3

執行「檔案／儲存專案」指令

4

①輸入名稱

②按下「存檔」鈕完成專案的儲存

8-2-4 編排素材順序

在此範例中，除了插入一張白色的色板當作片頭畫面的底色外，我們將放置「旋轉木馬」與「草衙道電車」兩段影片，接著就是草衙道的地圖，因此請依此順序加入素材。

1

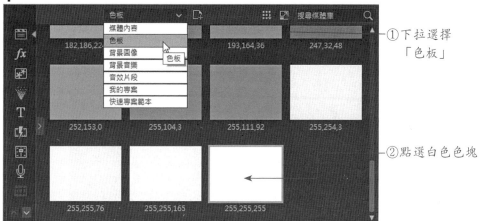

①下拉選擇「色板」

②點選白色色塊

2

①按下此鈕

②色塊已顯示在第一個視訊軌中

3

②切換到「媒
　體內容」

③點選「旋轉
　木馬」

④按此鈕使之
　加入

①播放磁頭移
　到色板之後

4

同上方式完成
第一視訊軌的
素材編排

8-2-5 調整素材時間長度

　　加入的素材如果是圖片，預設會使用5秒的時間，如果是影片則會顯
示原長度。圖片素材加入後若需要增加它的時間長度，可以利用「編輯／
編輯項目／時間長度」指令進行修正。這裡我們打算將片頭畫面的長度拉

長，讓觀看者可以更能看清影片標題。

1

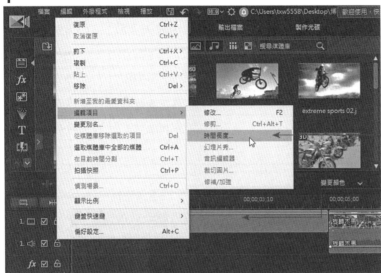

②執行「編輯／
　編輯項目／時
　間長度」指令
①點選白色色板

2

①將時間由原先的5秒變更為10秒
②按下「確定」鈕

3

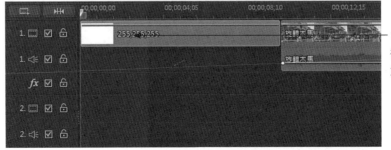

色板加長了，
後方的素材自
動向後移動

CHAPTER

8

8-2-6 加入覆疊物件

專案內容要能吸引觀看者的目光，多層次的素材堆疊是豐富影片的最佳方式，所以各位可以多加運用。這裡要示範的是如何在影片素材上覆疊物件，請先依照下面的表格所示，把素材依序放入到第2、3、4軌之中。

第一視訊軌	白色色板	旋轉木馬	草衙道電車	草衙道地圖
第二視訊軌	景致.png		透明片.png	自由落體.mp4
第三視訊軌	標題字.png		電車.png	天空飛行家.mp4
第四視訊軌				飄移高手.mp4

1

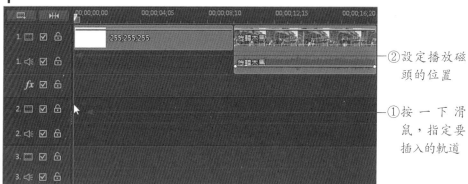

②設定播放磁頭的位置

①按一下滑鼠，指定要插入的軌道

2

①點選要插入的素材

②按此鈕使之插入

3

同上技巧，完成覆疊素材的加入，使顯現如圖

由於加入的相片素材預設只有5秒的時間長度，請自行利用「編輯 /
編輯項目 / 時間長度」指令來修正時間長度，或是以拖曳右邊界方式來加
長時間。

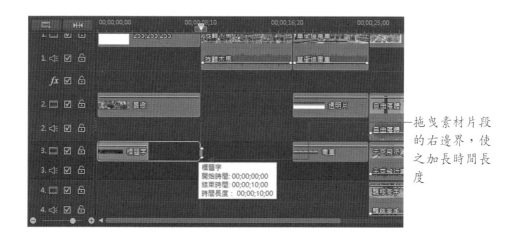

拖曳素材片段的右邊界，使之加長時間長度

8-2-7 覆疊物版面編排

覆疊物件加入至各軌道後，接著就要開始編排版面，讓每個版面都能
讓觀賞者賞心悅目。請在時間軸上點選素材，再從預覽視窗上調整個素材
的比例，下面簡要說明編排的重點。

片頭畫面

■ 景緻.png：盡量將6個畫面顯示於版面上，素材右邊界與上邊界對齊版面的右側與頂端。

■ 標題字.png：放大居中，與「景緻.png」相互堆疊。

放大素材，使六個圖片區塊顯示在畫面上

調整標題字的素材大小如圖

草衙道電車

■ 透明片.png：對齊版面下緣。

■ 電車.png：移到版面的右側外，並對齊下緣。

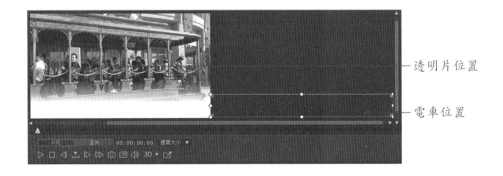

透明片位置

電車位置

草衙道地圖

■ 草衙道地圖.jpg：按右鍵於素材片段，執行「設定片段屬性／設定圖片延展模式」指令，將素材片段延展成16：9顯示比例，使整張圖填滿整個影片區域。

素材並非滿版

按右鍵執行「設定片段屬性／設定圖片延展模式」指令

按下「確定」鈕，圖片就會充滿整個頁面

■ 自由落體.mp4、天空飛行家.mp4、飄移高手.mp4：縮小尺寸，分別放在左上方、正下方、與右上方三個地方。

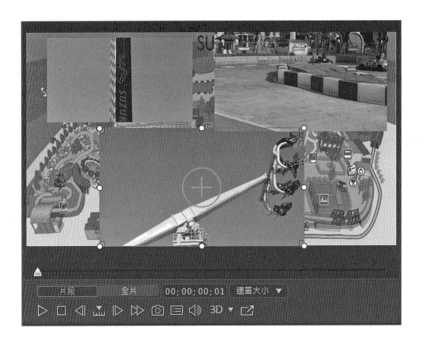

8-3 視訊影片編修

素材位置排定後，接下來要說明如何做靜音處理、影片修剪、以及如何做視訊顯示比例的調整，讓畫面呈現較佳的效果。

8-3-1 視訊軌靜音處理

由於影片在拍攝時已將周遭的吵雜聲音一併錄製下來，所以在預覽影片時會覺得很吵鬧。各位可以把視訊的「音軌」取消勾選，這樣就可以把聲音關掉。如圖示：

1. 拖曳此邊界，
   可看到個軌道
   的名稱

2. 依序將1至4的
   「音軌」取消
   勾選，所有影
   片就沒有聲音

8-3-2 視訊顯示比例設定

　　第一次編輯影片時，經常發現影片大小與專案比例不相吻合，如果出現此狀況，請在影片片段上按右鍵，執行「設定片段屬性／設定顯示比例」指令做修改即可。

1

①按右鍵於影片
  片段

②執行「設定片
  段屬性／設定
  顯示比例」指
  令

2

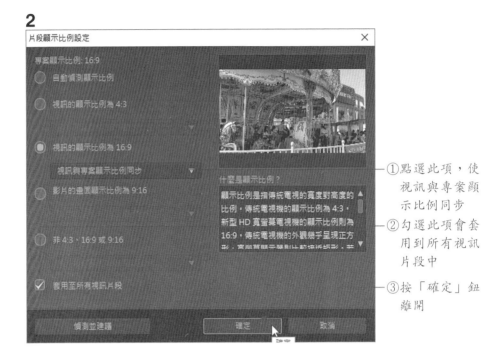

①點選此項，使視訊與專案顯示比例同步
②勾選此項會套用到所有視訊片段中
③按「確定」鈕離開

8-3-3 修剪視訊影片

在此範例中，由於三段影片的長度並不相同，因此對於較長的影片片段要進行修剪，讓三段影片能夠同時結束。

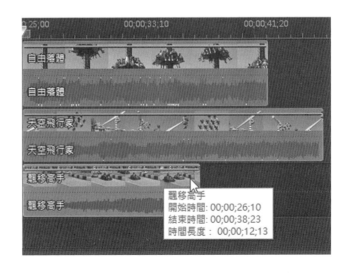

　　如圖所示，「飄移高手」的長度為12秒13，所以其他影片在修剪時也以此長度為基準。

1

②按下此鈕進行
　修剪

①點選「天空飛
　行家」的影片
　片段

2

①自行調整開始
　處與結束點的標
　記，使修剪影
　片，讓時間長度
　維持在12秒3
②切換到「輸出」
　鈕，預覽輸出後
　的效果
③修剪完成，按
　「確定」鈕離開

3

一兩段影片已經
同長度了

接下來依相同方式修剪「自由落體」的影片片段，同時延長「草衙道
地圖」的長度，讓四個素材擁有相同的時間。

8-3-4 套用不規則造型

　　三段影片覆疊在地圖上，看起來像貼了膏藥一般很不美觀。現在要利用「遮罩設計師」的功能將三段影片放置在美美的遮罩之中，讓視訊影片也能以不規則的造型顯示出來。

1

②由「設計師」鈕下拉選擇「遮罩設計師」

①點選視訊片段

2

①切換到「遮色片」標籤

③這裡已顯示套用遮罩的效果

②點選此圖樣

④按下「確定」鈕離開

3

同上方式完成另兩個視訊遮罩的設定，使顯現如圖

8-3-5 加入陰影外框

　　雖然視訊影片已加入美美的造型，但因為底圖很花，所以不容易顯示出來，現在要利用「子母畫面設計師」為視訊加入邊框與陰影，就能夠讓套上遮罩的視訊影片變強眼了。

1

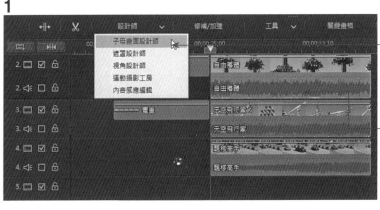

②下拉選擇「子母畫面設計師」功能

①點選影片片段

2

②勾選「陰影」，並設定模糊程度與陰影方向

③顯示加入外框與陰影的效果

①勾選「外框」選項

④按「確定」鈕離開

3

同上步驟完成另兩個視訊影片的設定

CHAPTER

8

8-4 片頭頁面設計

　　片頭是影片最開始的畫面，最能吸引觀賞者的目光，因此片頭畫面我們採用長條狀，讓大魯閣草衙道的重要畫面能夠由右向左一直滑動過去，另外加上色調的變換，以及炫粒效果強化標題文字，讓片頭看起來亮眼繽紛，展現華麗動人的效果。

8-4-1 圖片滑動效果

　　前面我們已經把長條狀的「景緻」圖片放大並排列在第二視訊軌上，現在要利用「關鍵畫格」的「片段屬性」功能來設定圖片由右向左滑動。

1

　②按下「關鍵畫格」鈕

　①點選「景緻」片段

2

　②在「位置」處按此鈕加入關鍵畫格

　①播放磁頭移到影片片段的最前端

3

②按此鈕使加
　入關鍵畫格
③將畫面由右
　向左拖曳，
　使出現綠色
　的移動路徑
④按下「播放」
　鈕就可以看
　到圖片滑動
　的效果
①播放磁頭
　移到最後

　　除了片頭的圖片滑動外，在草衙道電車的部分也有「電車」由右向左移動的效果，請自行依同樣方式作前後兩個關鍵畫格的設定。如圖示：

2.加入前後兩
　個關鍵畫格

3.將電車作移
　入的動作，
　使顯現如圖

1.點選「電車」

8-4-2 變換圖片色調

　　設定完圖片的滑動後，接著要利用「關鍵畫格」的「修補／加強」功

能來變更圖片的色調。

1

—①播放磁頭放在
　最前方
—②切換到「修補
　／加強」下層的
　「調整色彩」
—③在「色調」處
　按下此鈕加入
　關鍵畫格

2

—①移動播放磁頭位
　置
—②按此鈕新增關鍵
　畫格
—③由此調整色調數
　值

3

——依序加入多個關
　鍵畫格，並調整
　色調的數值

8-4-3 加入標題字的框線陰影

在標題部分，我們同樣要透過「子母畫面設計師」來為標題加入白色
框線與陰影，使文字變搶眼。

1

——②按下「設計師」
　鈕，下拉選擇
　「子母畫面設計
　師」

——①點選「標題
　字」片段

2

①設定陰影模糊程度、方向與色彩

②效果顯示如圖

③按「確定」鈕離開

8-4-4 加入炫粒特效

要建立專屬的炫粒特效,請切換到「炫粒工房」 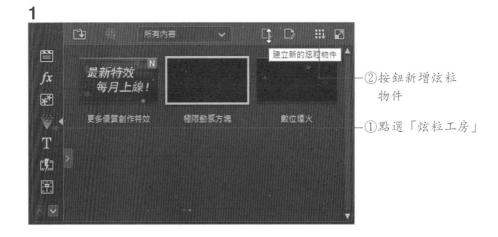 。

1

②按鈕新增炫粒物件

①點選「炫粒工房」

2

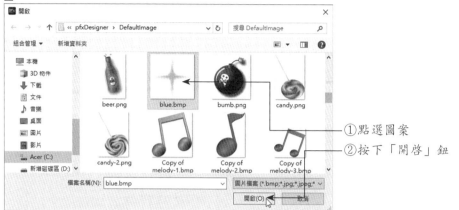

①點選圖案

②按下「開啟」鈕

3

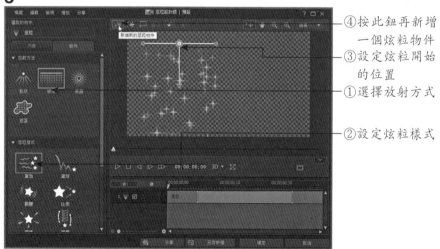

④按此鈕再新增
一個炫粒物件

③設定炫粒開始
的位置

①選擇放射方式

②設定炫粒樣式

4

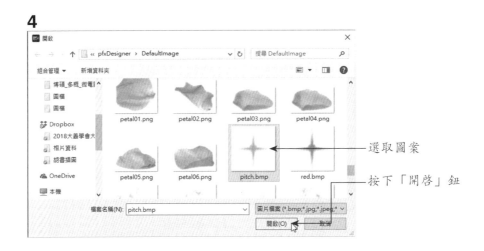

選取圖案

按下「開啟」鈕

5

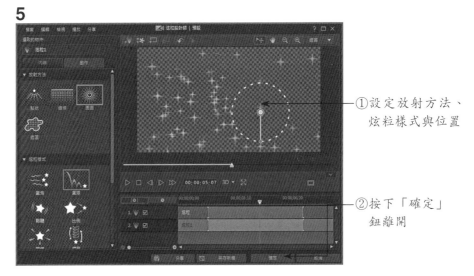

①設定放射方法、
　炫粒樣式與位置

②按下「確定」
　鈕離開

6

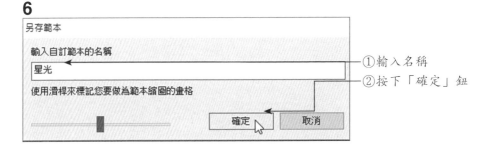

①輸入名稱

②按下「確定」鈕

7

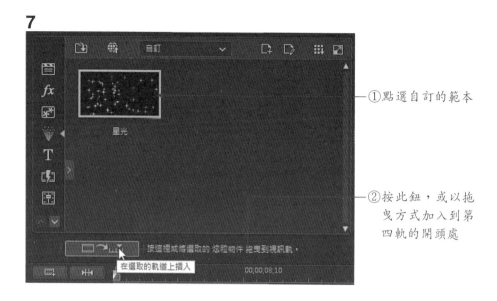

—①點選自訂的範本

—②按此鈕，或以拖
　曳方式加入到第
　四軌的開頭處

8-5 加入轉場特效

　　場景與場景之間的轉換，也是增加動態效果的一種方式，請切換到
「轉場特效工房」 ，我們將加入與修改轉場特效行為。

1

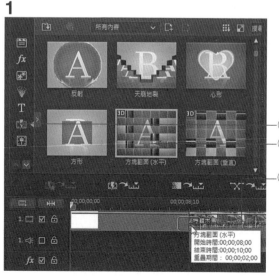

—①切換到「轉場特效工房」
—②點選想要套用的效果

—③將效果拖曳到場景與場景
　的交接處

2

②按此鈕進行轉場
　特效的修改

①預設值將顯示為
　如圖的重疊效果

3

①點選「交錯」的
　轉場特效行為

②變更完成，轉場
　圖示顯示在兩個
　影片片段之間

接下來自行加入喜歡的轉場效果至各場景的交接處。

8-6 旁白與配樂

影片編排完成後，最後就是錄製旁白說明與搭配合適的背景音樂。請
各位將麥克風準備好並與電腦連接，我們將透過即時配音錄製工房來錄製

旁白，再到DirctorZone網站下載適合的音樂片段來當作背景音樂。

8-6-1 錄製旁白

　　請將「文字介紹.txt」文件準備好，我們將透過麥克風來錄製此段說明稿。

1

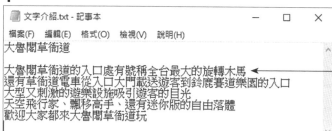

開啓文件稿，放置
在預覽視窗上方

2

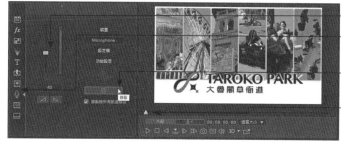

②調整音量大小
①切換到「即時配
　音錄製工房」
④按此鈕開始對著
　麥克風錄音
③播放磁頭移到最
　前方

3

①唸完文稿後，按
　此鈕停止錄製

②語音旁白錄製完
　成，請修剪音檔
　後方的空白

　　如果不滿意錄製的結果，選取音檔刪除後再重新錄製即可。另外，若是覺得錄製的聲音太小聲，可以按右鍵於音訊軌，執行「編輯音訊/音訊編輯器」指令後，點選「動態範爲壓縮」，再將「輸出增益」的數值加大就可搞定。聲音檔經「音訊編輯器」調整後，會在音訊素材上顯現 **i** W073的圖示。

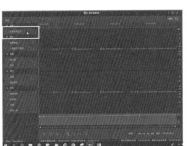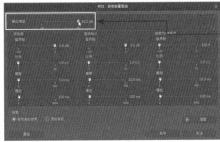

由此調整音量大小

8-6-2 下載背景音樂

　　在這個範例的最後，我們將到DirctorZone網站下載合適的背景音樂來搭配，請切換到「媒體工房」 進行音效的下載。不過下載背景音樂必須先登入會員帳號才可以下載喔！

1

①按下「匯入媒體」鈕

②下拉選擇「從DirctorZone下載音效片段」

CHAPTER

8

2

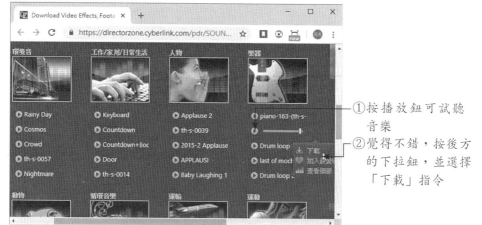

①按播放鈕可試聽
　音樂
②覺得不錯，按後方
　的下拉鈕，並選擇
　「下載」指令

3

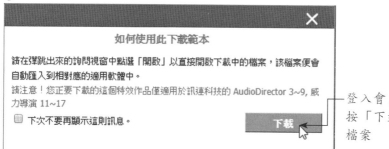

登入會員資料後，
按「下載」鈕下載
檔案

4

下載完成，選擇
「開啟」

5

顯示完成安裝，按
「確定」鈕離開

6

切換到「已下載」
的類別，即可看到
下載的音檔

8-6-3 加入背景音樂

　　音檔下載後，現在準備將它拖曳到配樂軌中，不夠長時就利用「複製」與「貼上」功能來串接，多餘的部分則進行修剪的工作。

1

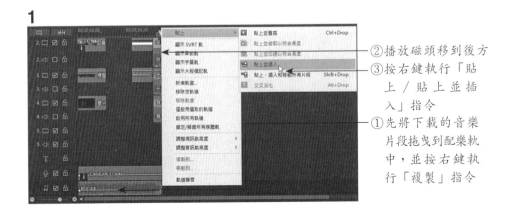

②播放磁頭移到後方

③按右鍵執行「貼上／貼上並插入」指令

①先將下載的音樂片段拖曳到配樂軌中，並按右鍵執行「複製」指令

2

往左拖曳右側邊
界，使與視訊同長
度，並執行「僅修
剪」指令

8-6-4 調整旁白與音樂音量

配音和配樂都加入之後，若是發現旁白聲音很小，配樂聲音很大，可
以透過「音訊混音工房」來加大旁白聲音，減小音樂音量。以調整配樂的
音量為例，這裡示範將音量降低。

1

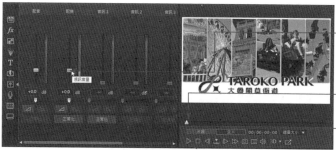

③將此滑鈕下移，使
背景音樂變小聲，
直到視訊播放完畢

①播放磁頭放在最
前端

②按下「播放」鈕

2

播放完畢，就會發
現聲波明顯變小

CHAPTER

8

8-7 輸出與上傳影片

　　製作完成的視訊影片可以直接上傳到YouTube網站，方便更多人觀看。要輸出影片請切換到「輸出檔案」步驟，由「線上」標籤中選擇「YouTube」按鈕，接著執行下面的步驟就可大功告成。

1

①在「線上」標籤中點選「YouTube」按鈕

②設定檔案類型、標題、說明、標籤、類別等資訊

③按此鈕設定影片匯出位置

④按下「開始」鈕進行輸出

2

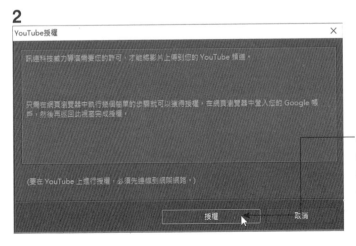

按下「授權」鈕允許CyberLink存取你的Google帳戶，並輸入帳號與密碼

3

① 登入成功後，開始進行影片輸出的動作

② 輸出完成，按此鈕查看你的Youtube視訊

4

影片上傳成功

本章習題

1. 何謂「影音部落格」（Video web log, Vlog）？哪一個影音網站最具代表性？

2. 請簡述微電影（Micro film）行銷。

3. 微電影（Micro film）行銷的特點是什麼？

4. 專案內容要如何吸引觀看者的目光？

5. 試簡介威力導演的功能表與快速存取工具鈕。

6. 請問歡迎視窗包括哪幾種模式？

7. 什麼是「淡入」與「淡出」功能？

8. 什麼是子母視窗？

9. 威力導演劇本的專有格式為*.pds有哪些特點？

10. 時間軸或腳本區各有哪些功用？

第九章

LINE 貼圖製作與社群行銷心法

　　隨著智慧型裝置的普及，不少企業藉行動通訊軟體增進工作效率與降低通訊成本，甚至作爲公司對外宣傳發聲的管道，這樣的改變讓行動通訊軟體迅速取代傳統手機簡訊，其中LINE軟體就是智慧型手機上可以使用的一種免費通訊程式，它能讓各位在一天24小時中，隨時隨地盡情享受免費通話與通訊，甚至透過方便不用錢的「視訊通話」和遠在外地的親朋好友通話。

　　LINE主要是由韓國最大網路集團NHN的日本分公司開發設計完成，NHN母公司位於韓國，主要服務爲搜尋引擎NAVER與遊戲入口HANGAME，就好像Skype即時通軟體的功能一樣，也可以打電話與留訊息。國人最常用的App前十名中，即時通訊類占了四位，第一名便是LINE。全世界有接近三億人口是LINE的用戶，而在台灣就有一千八百多萬的人口在使用LINE。

　　LINE算是一個綜合平台，而不是一個單純的社交平台，主要是以人與人的溝通爲基準，其中更延伸出了許多不同的商業功能，例如本身絕對就是一個最好的行銷平台，目前已經有越來越多的店家與品牌透過LINE在做行銷與拓展客群，而且遍及了各行各業在協助企業行銷等方面，LINE提供許多創新的行銷服務。雖然在資訊傳播的廣度上不如FB與IG，但是著重於品牌與人之間的交流，讓參加的用戶能夠在與LINE的接觸中感受出品牌與眾不同的特殊魅力！

透過LINE玩網路行銷，快速培養忠實粉絲

9-1 LINE功能輕鬆學

　　各位要在手機上下載LINE軟體也十分簡單，可以直接在Google Play或App Store中輸入LINE關鍵字即可下載，相當簡單方便，如下圖所示：

App Store中下載或更新的LINE畫面

　　由於LINE必須雙方加入好友才可以開始互通訊息與通話，當雙方都有LINE帳號了，接下來要怎麼互相加為好友呢？LINE提供了多種加好友的方式，在此我們建議以下三種常見方式：

①以ID／電話號碼搜尋功能，輸入ID或電話號碼來加入好友。其中透過手機號碼找朋友，還真的是挺方便的，如果各位不想讓對方有你的電話就能隨便亂加的話，請在好友設定中，取消勾選「允許被加入好友」，這樣就不會被亂加了。

②以手機鏡頭直接掃描對方的QRcode來加入好友。

③雙方一同開啓藍芽功能，即可配對加入好友。

LINE的好友畫面

　　如果想打電話給對方，只要開啓對方的視窗，並按下電話圖示即可透過網路免費來電撥打給其他LINE用戶。

LINE打國際電話不但免費，音質也相當清晰

　　如果要傳訊息或圖片給對方，只要開啓對方的視窗輸入文字訊息，或按下左下角+號進入選擇相片即可。例如逢年過節時，各位如果想將相同祝賀的吉祥話傳訊息給許多人，這時可以先將傳訊息給一個人，然後長按訊息等到出現功能表時選擇「轉傳」指令，再勾選所要傳送的好友即可。

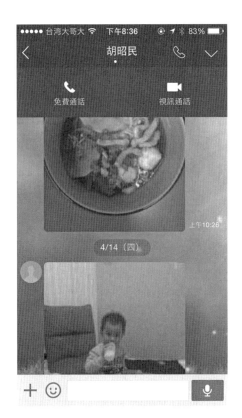

LINE中也可以互傳訊息及圖片

9-1-1 LINE貼圖的魅力

　　LINE團隊真的比較容易抓住東方消費者含蓄的個性，首先用貼圖來取代文字，活潑的表情貼圖是LINE的最大特色，不僅比文字簡訊更為方便快速，還可以表達出內在情緒的豐富性，非常受到手機族群的喜愛。LINE的貼圖可以讓你盡情表達哭與笑，推出熊大、兔兔、饅頭人與詹姆士等超人氣偶像，LINE主題人物的話題性趣味十足。

CHAPTER

9

貼圖對於保守的亞洲人有一圖勝萬語的功用

　　LINE與廠商合作推出的企業貼圖行銷，除了讓使用者可以免費下載，又可以替商品打廣告的雙贏局面，再加上LINE還提供了官方帳號功能主打品牌企業，是一種全國性的行銷工具，能迅速傳送最新消息給加入本帳號的用戶，更能幫助提升企業知名度和增加獲利。例如立榮航空企業貼圖第一天的下載量就達到233萬次。千山淨水LINE貼圖兩週就破350萬次下載。

企業貼圖創造了LINE、企業、用戶三贏的局面

只要加入好友就可下載可愛的企業貼圖

9-1-2 企業貼圖療癒行銷

　　由於手機文字輸入沒有像桌上型電腦那麼便捷快速，對於聊天時無法用文字表達心情與感受時，圖案式的表情符號就成了最佳的幫手，只要選定圖案後按下「傳送」▶鈕，對方就可以馬上收到，讓聊天更精彩有趣。

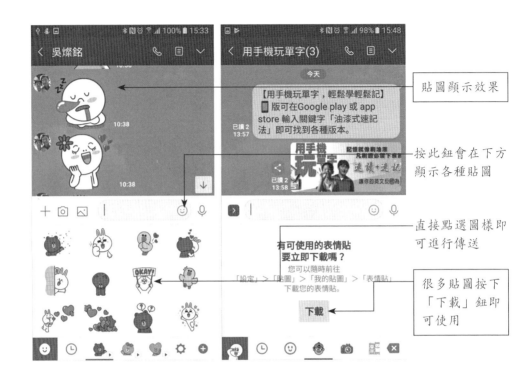

貼圖顯示效果

按此鈕會在下方
顯示各種貼圖

直接點選圖樣即
可進行傳送

很多貼圖按下
「下載」鈕即
可使用

　　LINE的免費貼圖，不但使用者喜愛，也早已成了企業的行銷工具，特別是一般的行動行銷工具並不容易接觸到掌握經濟實力的銀髮族，而使用LINE幾乎是全民運動，能夠真正將行銷觸角伸入中大齡族群。通常企業為了做推廣，會推出好看、實用的免費貼圖，打開手機裡的LINE，會不定期推出免費的貼圖，吸引不想花錢買貼圖的使用者下載，下載的條件：加入好友就成為企業推廣帳號、產品及促銷的一種重要管道。

　　越來越多店家和品牌開始在LINE上架專屬企業貼圖，為了龐大的潛在傳播者，許多知名企業無不爭相設計形象貼圖，除了可依照自己需求製作，還可以讓企業利用融入品牌效果的貼圖，短時間就能匯集大量粉絲，將有助於品牌形象的提升。根據LINE官方資料，企業貼圖的下載率約九成，使用率約八成，而且有三成用戶會記得贊助貼圖的企業。

只要加入好友就可下載可愛的企業貼圖

許多商家會提供貼圖免費下載，增加品牌知名度

9-1-3 訊息貼圖功能

　　傳統上我們常使用的LINE貼圖並不是一種訊息貼圖，只能給好友「意會」你想表達的意思，無法允許使用者單刀直入寫出真正的想法。所謂訊息貼圖是一種可供用戶自由輸入文字內容的貼圖，允許每張貼圖最多可輸入100個字，而且還可以針對單張訊息貼圖編輯儲存，會讓這些訊息貼圖的傳送，更能符合當下的情境及心情點滴，而且不僅LINE手機App支援訊息貼圖，現在連LINE電腦版也支援訊息貼圖功能。

　　如果要使用這項新功能，首先要確認手機中已經購買過訊息貼圖。各位如果要購買「訊息貼圖」，首先請到LINE App的「主頁」，接著進入「貼圖小舖」，並於搜尋框輸入「訊息貼圖」關鍵字進行搜尋，就可以看到多款訊息貼圖可供選擇。操作的步驟參考如下：

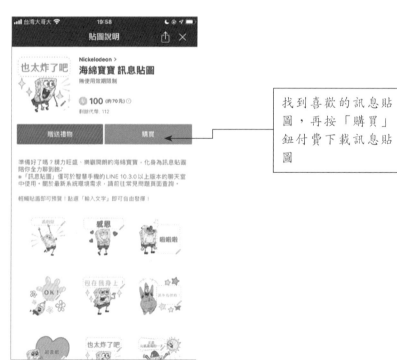

找到喜歡的訊息貼圖，再按「購買」鈕付費下載訊息貼圖

　　以往傳送訊息貼圖都是必須先選貼圖再輸入文字，最後再送出，但是現在用戶可以選擇在送出聊天訊息時，事先編輯訊息貼圖的文字內容，覺得滿意再將貼圖送出。實際的操作過程是先於訊息輸入框內輸入文字，接著點選輸入框旁邊的「貼圖圖示」，下一個動作則在LINE貼圖的橫向選單中點選「鉛筆圖示」，此時所輸入的文字內容將會套用到用戶擁有的所有訊息貼圖內，當確認文字內容後，再看哪一張最適合，最後點選希望送出的貼圖。參考的操作步驟如下：

1.於訊息輸入框內輸入文字
2.接著按貼圖圖示

CHAPTER

9

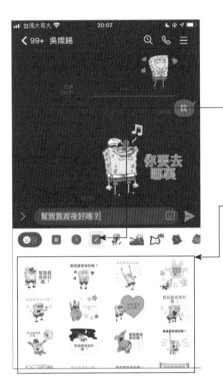

3. 點選「鉛筆圖示」，如果沒有看到鉛筆圖示，表示你的手機沒有購買過訊息貼圖，就無法使用這項功能

4. 輸入的文字將會套用到所有訊息貼圖內

5. 最後點選希望送出的貼圖

9-1-4 LINE貼圖製作簡介

　　隨著LINE貼圖的使用越來越廣泛，許多人也想要自己製作貼圖，不論是販售或是供自己與朋友玩樂使用，都越來越多人開始有了自己製作貼圖的想法，接下來的內容就是指導個為如何將自己製作的LINE貼圖上架並正式在LINE平台上販售。將LINE貼圖上架總共分為六個步驟，依序分別為：1.安裝LINE；2.註冊帳號；3.帳號連結；4.製作貼圖；5.貼圖上架；6.審核修改。只要照著LINE官網的規定，就可以將自己獨一無二的創意，分享給朋友，甚至是全球230個國家。

　　首先當然是安裝完LINE之後，就是要註冊一個LINE的帳號，成為LINE的使用者。接著，在網路上搜尋LINE Creator Market，找到https://creator.line.me/zh-hant/這是LINE官方提供給貼圖創作者的平台。其實不僅僅是貼圖，您也可以在此平台上分享您創作的LINE主題，方法與LINE貼圖的製作大同小異，這邊便不做贅述，僅以貼圖為教學範例，讓讀者自行運用。

　　除了LINE官方的註冊帳號之外，創作者還必須註冊Paypal帳號，這是讓LINE在日本的總公司匯款給創作者的平台。網址是https://www.paypal.com/tw/webapps/mpp/home，中文版Paypal如下圖所示。

　　註冊過程會要求一個可以讓LINE公司匯款的銀行帳號，即使創作者可能志不在賺錢，也還是建議填寫真實資料，或是直接使用玉山全球通的帳戶，比較方便填寫Paypal所要求的匯款資訊。若沒有玉山銀行，使用其他VISA信用卡，也是可以的。

中文版Paypal會員登入頁面

接著到您所填寫的電子信箱收信，確認電子郵件已啓用帳戶，再回到PayPal重新登入。這個動作即是讓LINE Creator Market知道此電子郵件爲您所有的有效信箱，並Paypal也爲您有效的電子銀行帳戶。老實說LINE貼圖的營利十分低的一部分原因，是它必須得賣滿一千日圓後，再由LINE官方抽成，最後才將款項換算成台幣匯入Paypal帳戶。而將錢從Paypal帳戶轉到其他銀行帳戶，則又會被抽一筆手續費。像筆者就還有62日圓卡在LINE中無法領出，且換成台幣在Paypal裡的款項，則是建議直接在Paypal合作的購物商城購物才最划算。下圖爲Paypal轉帳到其他銀行帳戶的頁面。筆者在貼圖賣滿一千日圓後，Paypal帳戶只獲得兩百多元台幣。

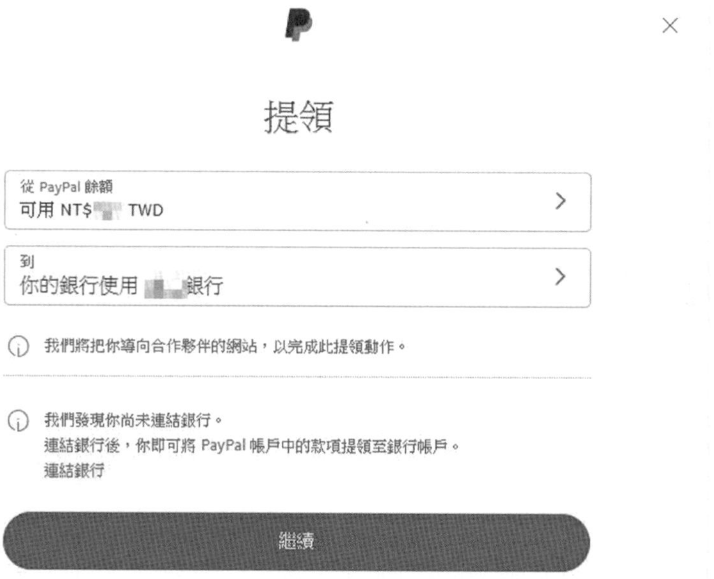

提領

從 PayPal 餘額
可用 NT$▮▮▮ TWD   〉

到
你的銀行使用 ▮▮▮銀行   〉

ⓘ 我們將把你導向合作夥伴的網站，以完成此提領動作。

ⓘ 我們發現你尚未連結銀行。
連結銀行後，你即可將 PayPal 帳戶中的款項提領至銀行帳戶。
連結銀行

繼續

　　不過對於靈感源源不絕的創作者來說，製作貼圖的目的是在於分享、或者行銷，而非販售，前面筆者的實例只是想表達，販售的獲利可以說是非常不划算的，因此將貼圖的創作價值定位為行銷宣傳。希望讀者們在做商業創作的同時，也能思考貼圖的價值。

　　接著讓我們回到LINE Creator Market的頁面，在發揮您的創意前，詳細閱讀LINE Creator Market中的製作準則，首先我們使用前面辦好的LINE帳號登入LINE Creator Market。選右上方進入個人頁面，可以看到如下圖的項目管理。若沒有投稿過貼圖，則項目欄位則為空的。

　　在此頁面的左邊選項欄中，先找到製作準則並點開（如下圖）。

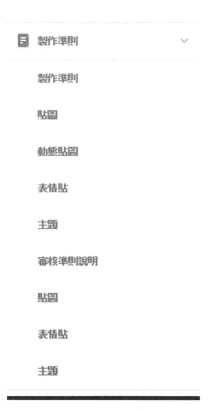

各位可以很明白的看到，這邊提供創作者創作的項目有分為：貼圖、動態貼圖、表情貼跟主題。以下圖為例作說明：

貼圖	動態貼圖	表情貼	主題

所需內容

圖片

	所需數量	圖片大小 (pixel)
主要圖片	1張	W 240 × H 240
貼圖圖片 (數量可選)	8張、16張、24張、32張、40張	W 370 × H 320 (最大)
聊天室標籤圖片	1張	W 96 × H 74

一般我們所說的貼圖就是靜態貼圖，也就是不會動的圖片，是必須為背景透明的PNG檔。動態貼圖則是小動畫，就是會動的圖片，是必須為背景透明的GIF檔。

主題則不一定要使用透明的PNG檔，它分為背景、選單按鈕等零件，規則較繁瑣，但官網皆有詳細說明，如下圖所示：

主要圖片(共3張)

	所需數量	iOS	Android	LINE STORE
A 主要圖片	3張	W 200 × H 284	W 136 × H 202	W 198 × H 278

主題圖片(共54張)

	所需數量	iOS	Android
B 選單按鈕圖片	28張	W 128 × H 150	W 128 × H 112
C 選單背景圖片	2張	W 1472 x H 150	W 640 × H 112
D 密碼畫面圖片	16張	W 120 × H 120	W116 × H 116
E 個人圖片	4張	W 240 × H 240	W 247 × H 247
F 聊天室背景圖片	2張	W 1482 × H 1334	W 1300 × H 1300
G 啟動畫面圖片	1張	-	W 1300 × H 1300
	1張	-	W 480 × H 720

其中主題的兩種版本，iOS及Android的兩種規格都必須製作，W則表示為圖片寬度，H表示為圖片高度，單位為pixel，創作者必須依照此規定尺寸製作，作品就能完整的在LINE展現。

9-1-5 貼圖設計初體驗

LINE貼圖的繪製其實不難，最好是以生動的表情、生活化的對白，讓使用者覺得實用有趣才是成敗關鍵。製作貼圖的好處，除了能讓作品貼近使用者生活之外，使用者在使用貼圖聊天的同時，亦有替作品宣傳的效

的效果，相較於廣告更容易吸引他人注意到作品的生動之處。

　　在開始繪製貼圖前，我們必須要了解LINE貼圖的製作準則，才能確保繪製的貼圖是可以上架販售的。首先，在網路上搜尋關鍵字：Line Creator Market。找到官方貼圖製作網站，註冊並登入後，我們可以在個人頁面中，看到如下圖的製作準則。

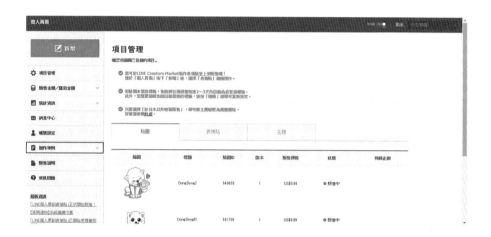

　　以靜態貼圖為例，有以下規定：

圖片

	所需數量	圖片大小(pixel)
主要圖片	1張	W 240 × H 240
貼圖圖片(數量可選)	8張、16張、24張、32張、40張	W 370 × H 320 (最大)
聊天室標籤圖片	1張	W 96 × H 74

· 在貼圖編輯畫面即可選擇貼圖張數。於送出審核申請前，可隨時變更貼圖張數。
· 圖片大小的單位均為pixel。
· 圖檔均為PNG。
· 貼圖圖片大小將會自動縮小，故請將尺寸設為偶數。
· 解析度請設為72dpi以上；色彩模式請設為RGB。
· 每張圖片的檔案大小須小於1MB。
· 若要將所有圖片壓縮為1個ZIP檔上傳時，ZIP檔須小於20MB。
· 請為圖片進行去背透明處理。

文字內容

創意人名稱	貼圖名稱	貼圖說明	版權標記
50字以內	40字以內	160字以內	50字以內(請輸入英文或數字)

　　規則十分明白，主要圖片也就是我們在個人頁面所看到的縮圖；而聊天室標籤圖片則是下圖紅圈處的圖，通常使用不同尺寸的同一個圖案，讓使用者與創作者都較易分辨。

　　貼圖圖片則有：8張、16張、24張、32張、40張等張數規定，這次巴冷公主的貼圖，我們豪邁的選擇了40張貼圖的最大分量，除了料多實惠之外，更希望能讓巴冷公主貼近粉絲們的生活中。那就開始看我們的巴冷公主貼圖，是如何設計出來的吧！

　　簡單來說，主要分為三步驟：1.角色設定；2.設計對白；3.人物表情設計。

■搜集參考資料：台灣魯凱族服飾以及巴冷公主系列遊戲與小說。

巴冷公主系列遊戲

巴冷公主系列叢書插圖

前人種樹後人乘涼，有了魯凱族文化與巴冷公主系列遊戲與叢書作爲後盾，我們挑選了五個個性分明的主要角色，分別是：

1. 巴冷公主：美麗善良。
2. 阿達里歐：帥氣威嚴。
3. 祖穆拉：冷豔成熟。
4. 卡多：魁武忠厚。
5. 伊娜：聰明伶俐。

■ 手繪草稿

翻拍後的草稿雖不清楚，但使用電腦繪圖軟體SAI的鋼筆工具描線後，就可以獲得俐落清晰的線條。其中卡多的的草稿因不夠魁武粗曠，在線稿繪製時也做了調整。

CHAPTER

9

■ 色彩計畫

　　LINE並沒有限制何種繪圖軟體繪製，只要能存成PNG檔即可。這邊筆者使用SAI與Adobe Photoshop兩種軟體交互使用。下圖範例是使用SAI上色後，再用Adobe Photoshop做整體校色與調整規格。

　　Adobe Photoshop是知名的電腦繪圖軟體，其功能較SAI多且詳細，除了可以用來繪畫之外，它方便做各種圖像調整後製甚至合成，舉例本次阿達里歐的衣服材質，便是使用Adobe Photoshop內建的仿製印章工具，直接將我們遊戲中，阿達里歐的服裝花樣，進行完整的複製。

　　SAI是一款電腦繪圖軟體，擅長繪製漫畫風格的插圖，筆者相當喜歡使用他的鋼筆工具，可以再度編輯畫過的線條粗細及位置。其他功能使用上與Adobe Photoshop大同小異，只是無法做相片合成等操作，SAI是專門用來畫插圖的軟體。

　　使用SAI的圖層功能，將角色從皮膚到服飾分別上色完稿。這個步驟直接使用Adobe Photoshop繪製也是可以的，我們再下個範例就會示範直接使用Adobe Photoshop繪製上色。重要的是接下來，我們開啟Adobe Photoshop設定檔案規格如下圖：

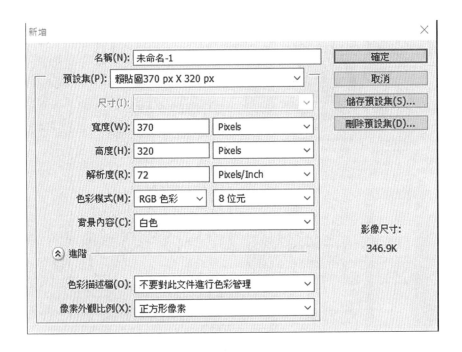

　　因為要預計畫40張，所以直接儲存成預設集，就不必每次繪製都要重新設定。主要圖片和聊天室標籤圖則是最後再做處理。這個規格設定很重要，務必要與LINE官網的規定符合。設定完成後，直接置入我們在SAI畫好的圖，打上我們的對白，並做整體的色彩調整，刪除白色背景，存成PNG檔就完成了。

　　若選擇Adobe Photoshop直接繪製，也是可以的。首先，我們開打開前面所述的LINE貼圖規格的新檔（如下圖）。

新增   ✕

　　　名稱(N): 未命名-1   確定

　　預設集(P): 賴貼圖370 px X 320 px   ⌄   取消

　　　尺寸(I):   ⌄   儲存預設集(S)...

　　　寬度(W): 370   Pixels   ⌄   刪除預設集(D)...

　　　高度(H): 320   Pixels   ⌄

　　解析度(R): 72   Pixels/Inch   ⌄

　色彩模式(M): RGB 色彩   ⌄   8 位元   ⌄

　背景內容(C): 白色   ⌄   影像尺寸:

⌃ 進階   346.9K

　色彩描述檔(O): 不要對此文件進行色彩管理   ⌄

像素外觀比例(X): 正方形像素   ⌄

再置入我們事先描好的線稿，以下由祖幕拉為例。

新增多個圖層，將皮膚、頭髮、臉部五官、服飾等分別出來；使用硬度100、不透明度100%、流量也100%的筆刷，將各圖層對應的部位填滿並配色，這個步驟要仔細填色，以利我們之後的繪圖作業，如下圖。

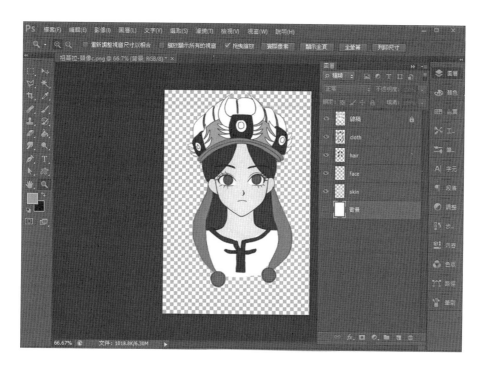

　　祖幕拉是百合花仙,我們配色上選擇較白淨的膚色,翠綠的眼睛以及深棕色的頭髮來顯示百合花仙的美艷成熟。

　　有了上圖的配色做基底後,我們在每一個圖層上方,再新增圖層並按滑鼠右鍵設置為剪裁遮色片,這樣我們在這個圖層上所畫的光影與花色,都會限制在我們前一個圖層所填滿的色塊內,不會塗出去,如下圖。

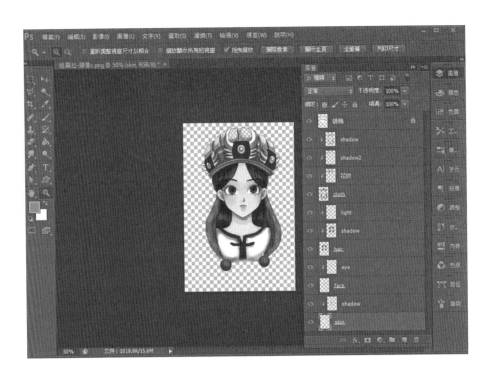

　　注意圖層區域！每個圖層上方都新增了幾個有箭頭的圖層，這就是我們所新增的剪裁遮色片，其箭頭所指的，便是受限的填色圖層；像是圖中的hair圖層，上方有shadow和light兩個圖層的箭頭指向它，也就是我們在shadow和light的圖層上不管多豪邁的用筆，都不會超出hair圖層所填色的範圍外，我們利用這項功能輕鬆地將光影一層一層堆疊致我們滿意的樣子。記得適時的調整圖層爲色彩增值或濾色等效果，便可以輕鬆得到想要的光影特效；透明度也是常用的調整功能，讀者在練習的時候，可以嘗試多做幾個變化。至於要新增幾個圖層，則視每個人畫圖習慣及需求做調整。在角色設定定稿之後，我們就可以來想想實用又有趣的對白和表情了！

以下圖的早安為例，早安是很常見的打招呼用語，由於角色服裝的深藍色屬於冷色系，所以我們選擇了較為突顯的暖色系：紅色，作為文字顏色。文字與圖的配色，並沒有硬性規定，讀者也可以自由發揮。圖的部分參考上面角色設定的畫法就可以了！

9-2 認識LINE官方帳號

在分秒必爭，講求資訊行動化的環境下，更為網路行銷領域增加了更多的新媒體通道，伴隨著這一趨勢，行動行銷迅速發展，所帶來的正是快速到位、互動分享後所產生產品銷售的無限商機。由於LINE一直是一對一的通訊溝通為基本的軟體，對於數位行銷推廣上，還是有擴散力不足的疑慮，幾年前LINE開始鎖定全國實體店家，為了服務中小企業，LINE開發出了更親民的行銷方案，導入日本的創新行銷工具「LINE@生活圈」的核心精神，企圖在廣大用戶使用行動社群平台上，創造出新的行銷缺口。

LINE官方帳號是台灣商家提供行動服務的最佳首選

　　後來LINE官方始終認為行動商務還有很多創新的空間，行動商務會加速原來實體零售業進化的速度，真正和顧客建立起長期的溝通管道。LINE@在2019年4月18日開始，更將「LINE@生活圈」、「LINE官方帳號」、「LINE Business Connect」、「LINE Customer Connect」等產品進行服務和功能的整合，LINE官方帳號的最大特色是用戶使用邏輯變得

更加清晰，功能也豐富許多，並將名稱取名爲「LINE官方帳號」，所以只要是LINE會員想要創建新的帳號，就必須申請全新的「LINE官方帳號」，不論是店家或個人都可以免費申請與註冊。

LINE個人帳號群組的訊息很容易被洗版

全新LINE官方帳號擁有「無好友上限」，以往LINE@生活圈好友數量八萬的限制，在官方帳號沒有人數限制，還包括許多LINE個人帳號沒有的功能，例如：群發訊息、分眾行銷、自動訊息回覆、多元的訊息格式、集點卡、優惠券、問卷調查、數據分析、多人管理等功能，不僅如此，LINE官方帳號也允許多人管理，店家也可以針對顧客群發訊息，而顧客的回應訊息只有商家可以看到。

透過LINE官方帳號玩行銷，可培養忠實粉絲

　　此外，我們可以在後台設定多位管理者，來為商家管理階層分層負責各項行銷工作，有效改善店家的管理效率，以利提高的商業利益。這樣的整合無非是企圖將社群力轉化為行銷力，形成新的行動行銷平台，以便協助企業主達成「增加好友」、「分眾行銷」、「品牌互動溝通」等目的，讓實體零售商家能靈活運用官方帳號和其延伸的周邊服務，真正和顧客建立長期的溝通管道。因應行動行銷的時代來臨，LINE官方帳號的後台管理除了電腦版外，也提供行動裝置版的「Line Offical Account」的App，可以讓店家以行動裝置進行後台管理與商家行銷，更加提高行動行銷的執行效益與方便性。

加入商家為好友，可不定期看到好康訊息

9-2-1 LINE官方帳號功能導覽

　　LINE官方帳號是一種全新的溝通方式，類似於FB的粉絲團，讓店家可以透過LINE帳號推播即時活動訊息給其他企業、店家、甚至是個人，還可以同步打造「行動官網」。任何LINE用戶只要搜尋ID、掃描QR Code或是搖一搖手機，就可以加入喜愛店家的官方帳號，在顧客還沒有到店前傳達訊息，並直接回應客戶的需求。商家只要簡單的操作，就可以輕鬆傳送訊息給所有客戶。

　　由於朋友圈中的人們彼此會分享資訊，相互交流間接產生了依賴與歸屬感，除了可以透過聊天方式就可以輕鬆做生意外，甚至包括各種回應顧客訊息的方式及各種商業行銷的曝光管道及機制可以幫忙店家提高業績，還可以結合多種圖文影音的多元訊息推播方式，來提升商家與顧客間的互動行為。

https://tw.linebiz.com/service/account-solutions/line-official-account/

9-2-2 聊天也能蹭出好業績

現代人已經無時無刻都藉由行動裝置緊密連結在一起，LINE官方帳號的主要特性就是允許各位以最熟悉的聊天方式透過LINE輕鬆做行銷，以更簡單及熟悉的方式來管埋您的生意。透過官方帳號App可以將私人朋友與顧客的聯絡資料區隔出來，可以讓您以最方便、輕鬆的方式管理顧客的資料，重點是與顧客的關係聯繫可以完全藉助各位最熟悉的聊天方式，LINE官方帳號也可以私密的一對一對話方式即時回應顧客的需求，可用來拉近消費者距離，其他群組中的好友是不會看到發出的訊息，可以提高顧客與商家交易資訊的隱私性。

　　說實話，沒有人喜歡不被回應、已讀不回，優質的LINE行銷一定要掌握雙向溝通的原則，在非營業時間內，也可以將真人聊天切換為自動回應訊息，只要在自動回應中，將常見問題設定為關鍵字，自動回應功能就如同客服機器人可以幫忙真人回答顧客特定的資訊，不但能降低客服回覆成本，同時也讓用戶能更輕易的找到相關資訊，24小時不中斷提供最即時的服務。

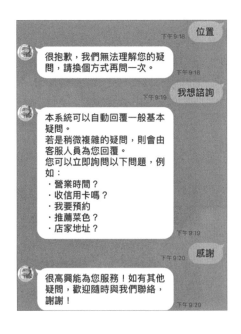

LINE Official Account方便商家行動管理

9-2-3 業績翻倍的行銷工具

正所謂「顧客在哪、行銷工具就在哪」,對於LINE官方帳號來說,行銷工具的工具相當多,例如商家可以隨意無限制的發送貼文串(類似FB的動態消息),不定期地分享商家最新動態及商品最新資訊或活動訊息給客戶,好友們可以在你的投稿內容底下進行留言、按讚或分享。如果

投稿的內容被好友按讚，就會將該貼文分享至好友的貼文串上，那麼好友的朋友圈也有機會看到，增加商家的曝光機會。

更具吸引力的地方，除了訊息的回應方式外，LINE官方帳號提供更多元的互動方式，這其中包括了：電子優惠券、集點卡、分眾群發訊息、圖文選單等。其中電子優惠經常可以吸引廣大客戶的注意力，尤其是折扣越大買氣也越盛，對業績的提升有相當大的助益。

電子優惠券對業績提升很有幫助

「LINE集點卡」也是LINE官方帳號提供的一項免費服務，除了可以利用QR code或另外產生網址在線上操作集點卡，透過此功能商家可以輕鬆延攬新的客戶或好友，運用集點卡創造更多的顧客回頭率，還能快速累積你的官方帳號好友，增加銷售業績。集點卡提供的設定項目除了款式外，還包括所需收集的點數、集滿點數優惠、有效期限、取卡回饋點數、防止不當使用設定、使用說明、點數贈送畫面設定等。

　　使用LINE官方帳號可以群發訊息給好友，讓店家迅速累積粉絲，也能直接銷售或服務顧客，在群發訊息中，可以透過性別、年齡、地區進行篩選，精準地將訊息發送給一群屬性相似的顧客，這樣好康的行銷工具當然不容錯過。

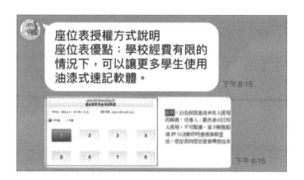

　　為了大力行銷企業品牌或店家的優惠行銷活動，使用LINE官方帳號也可以設計圖文選單內容，引導顧客進行各項功能的選擇，更讓人稱羨的是我們可以將所設計的圖文選單行銷內容以永久置底的方式，將其放在最佳的曝光版位。

本章習題

1. 請說明LINE行動通訊軟體。

2. 什麼是LINE的最大特色？

3. 請簡介LINE提供的三種加好友方式？

4. 在決定創作LINE貼圖時，首要工作是什麼？如何做？

5. 請簡介「LINE集點卡」。

6. 請簡述LINE官方帳號有哪些特色？

社群直播行銷工作術

　　人類一直以來聯繫的最大障礙，無非就是受到時間與地域的限制，近年來透過行動裝置開始打破和消費者之間的溝通藩籬，特別是Facebook開放直播功能後，手機成為直播的最主要工具，不同以往的廣告行銷手法，影音直播更能抓住消費者的注意力。依照臉書官方的說法，觸及率最高的第一個就是直播功能。

星座專家唐立淇靠直播贏得廣大星座迷的信任

有「威寶妹」之稱的鍾欣怡也經常透過臉書直播販售商品

許多企業開始將直播作為行銷手法，消費觀眾透過行動裝置，特別是35歲以下的年輕族群觀看影音直播的頻率最為明顯，利用直播的互動與真實性吸引網友目光，從個人販售產品透過直播跟粉絲互動，延伸到品牌與網紅透過「直播帶貨」（Live Delivery），相對於在社群媒體發布的貼文，有將近8成以上的人認為直播更有興趣，更容易吸引他們注意力的行銷方式。直播行銷最大的好處在於進入門檻低，只需要網路與手機就可以開始，不需要專業的影片團隊也可以製作直播，現在不管是明星、名人、素人，通通都要透過直播和粉絲互動。唐立淇就是利用直播建立星座專家的專業形象，發展出類似脫口秀的節目。

Tips

直播帶貨（Live Delivery），就是直播主使用直播技術進行近距離商品展示、諮詢答覆、導購與銷售的新型服務方式，也是屬於粉絲經濟的範疇，乍聽下來和電視購物類似，不過直播比起電視購物的臨場感與便利性又更勝一籌，直播帶貨所帶來的互動性與親和力更強。

李小璐在2個小時的直播帶貨中，銷售額達到千萬人民幣以上

10-1 臉書影音直播

目前全球玩直播正夯,從個人販售產品透過直播跟粉絲互動,延伸到電商品牌透過直播行銷,也能代替「網路研討會」(Webinar)與產品說明會,讓現場直播可以更真實的對話。例如小米直播用電鑽鑽手機,證明手機依然毫髮無損,就是活生生把產品發表會做成一場直播秀,這些都是其他行銷方式無法比擬的優勢,也將顛覆傳統網路行銷領域。

小米機新產品直播秀非常吸睛

直播成功的關鍵在於創造真實的內容,有些很不錯的直播內容都是環繞著特定的產品或是事件,將產品體驗開箱拉到實況平台上,可以更真實的呈現產品與服務的狀況。每個人幾乎都可以成為一個獨立的電視頻道,讓參與的粉絲擁有親臨現場的感覺,也可以帶來瞬間的高流量。當各位要規劃一個成功的直播行銷,一定得先了解你的粉絲特性、事先規劃好主題、內容和直播時間,在整個直播過程中,你必須讓粉絲不斷保持著「what is next?」的好奇感,讓他們去期待後續的結果,才有機會抓住最

多粉絲的眼球，進而達到翻轉行銷的能力。

　　直播除了可以和網友分享生活心得與樂趣外，儼然成為商品銷售的素民行銷平台，不僅能拉近品牌和觀眾的距離，這樣的即時互動還能建立觀眾對品牌的信任。多數開始的業者大多以玉石、寶物或玩具的銷售為主，現今投入的商家越來越多，不管是3C產品、冷凍海鮮、生鮮蔬果、漁貨、衣服等通通都搬上桌，直接在直播平台上吆喝叫賣。

臉書直播是商品買賣的新藍海，任何東西都可以賣

10-1-1 直播入門的暖身課程

　　目前最常被使用的激勵直播熱度的方法就是辦抽獎活動，有些商家為了拼出點閱率，拉抬臉書直播的參與度，還會祭出贈品或現金等方式來拉抬人氣。大家喜歡即時分享的互動性，只要進來觀看的人數越多，就可以

抽更多的獎金，也讓圍觀的粉絲更有臨場感，並在直播快結束時抽出幸運
得主。直播拍賣只要名氣響亮，觀看的人數眾多，主播者和網友之間有良
好的互動，進而加深粉絲的好感與黏著度，記得對粉絲好一點，粉絲自然
會跟你互動，就可以在臉書直播的平台上衝高收視率，帶來龐大無比的額
外業績，不用被動式的等客戶上門，也不受天氣或場地的限制，只要有網
路或行動裝置在手，任何地方都能變成拍賣場。

　　在店家直播的過程中，臉書上的朋友可以留言、喊價或提問，也可以
按下各種的表情符號讓主播人知道觀眾的感受，適時的詢問粉絲意見、開
放提問、轉述粉絲留言、回應粉絲等可以讓粉絲有參與感，完全點燃粉絲
的熱情。拍賣者概略介紹商品後便喊出起標價，然後讓臉友們開始競標，
臉友們也紛紛留言下標，搶成一團，造成熱絡的買氣。

　　如果直播觀看人數尚未有起色，主持人也會送出一些小獎品來哄抬人
氣，按分享的臉友也能到獎金獎品，透過分享的功能就可以讓更多人看到
此銷售的直播畫面，如右下圖所示。

臉友的留言也
會直接顯示在
直播畫面上

直播過程中，
瀏覽者可隨時
留言、分享或
按下表情的各
種符號

店家祭出分享
送福利的活動
來提升收視率

在結束臉書的直播拍賣後，業者也會將直播視訊放置在臉書中，方便其他的網友點閱瀏覽，甚至寫出下次直播的時間與贈品，以便臉友預留時間收看，預告下次競標的項目，吸引潛在客戶的興趣，或是純分享直播者可獲得的獎勵，讓直播影片的擴散力最大化，這樣的臉書功能不但再次拉抬和宣傳直播的時間，也達到再次行銷的效果與目的。

直播的內容隨時都可在臉書上再次觀看

直播預告

10-1-2 我們開始直播！

臉書直播現在也成為網路社群行銷的新戰場，不單單只是素人與品牌直播而已，現在還有直播拍賣，用戶能夠從手機上即時按一個鈕，就能立即分享當下實況，臉書上的好友也會同時收到通知。腦筋動得快的業者就直接運用臉書直播來做商品的拍賣銷售，像是延攬知名藝人和網路紅人來

拍賣商品。臉書直播沒有技術門檻，只要有手機和網路就能輕鬆上手，開啓麥克風後再按下臉書的「直播」或「開始直播」鈕，就可以向臉書上的朋友販售商品。

1. 由臉書按下「相機」鈕，使進入右圖畫面

3. 按下「開始直播」鈕開始直播

2. 切換到「直播」選項

CHAPTER

10

　　直播時若想要加入語音直播，各位可以按下右側的⚫鈕，那麼下方會顯示「語音直播」的選項讓你選擇。如下圖所示：

10-1-3 變更直播分享對象

　　在進行直播前，你也可以設定分享的對象喔！你可以設定爲公開、朋友、特定朋友、朋友除了……、特定的分類名單或是只限本人等，就是依照直播影片的內容來選擇適合的分享對象。設定方式如下：

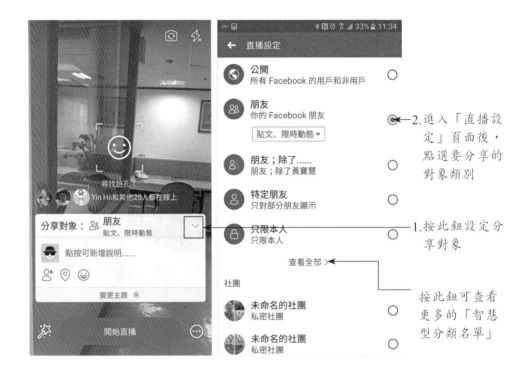

2.進入「直播設定」頁面後，點選要分享的對象類別

1.按此鈕設定分享對象

按此鈕可查看更多的「智慧型分類名單」

10-1-4 為直播畫面加入邊框或特效

　　各位在進行直播前，除了選定分享的對象外，另外按下「開始直播」鈕左側的 ❋ 鈕，也可以加入各種的特效，或是為直播畫面加入美美的邊框，讓你的直播畫面更與眾不同喔！如下圖所示，按下 ❋ 鈕後你會在頁面底端看到六個按鈕，裡面有各種特效各位不妨嘗試看看，其中的 ▣ 鈕就包含了各式各樣的邊框，近六十種的邊框變化任君挑選。

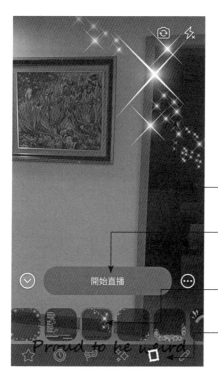

3.顯示套用邊框的效果

4.再按此鈕開始直播

2.由此列挑選想要套用的邊框樣式

1.點選「邊框」按鈕

　　按下「開始直播」鈕進行直播後，如果要中斷直播，可按下頁面右下角的「完成」鈕進行中斷，此時你可以選擇「繼續」或是「結束」直播影片。如果確認「結束」，就會看到右下圖的畫面，告知已將直播畫面新增至限時動態上。

10-1-5 直播影片的選項設定

　　對於直播完成的影片，各位可以在你的臉書的限時動態上看到，如左下圖所示。不管影片內容好或不好，按下影片右上角的「選項」●●●鈕，就可以選將直播影片儲存、刪除、複製連結、編輯隱私設定等。把直播影片儲存下來的好處是將來可以再利用，另外「複製」連結也可以將連結網址轉貼到LINE、Instagram、Twitter等其他社群網站上，增加它的曝光機會。

10-2 Instagram直播

　　Instagram也有提供直播的功能，還可以在下方留言或加愛心圖示，也會顯示有多少人看過，但是Instagram的直播內容並不會變成影片，而且會完全的消失。在Instagram開直播的方式大致上臉書相同，都是透過「相機」功能，再到底端切換到「直播」選項，只要按下「開始直播」鈕，Instagram就會通知你的一些粉絲，以免他們錯過你的直播內容。

1. 按下「相機」鈕

3. 按下「開始直播」鈕開始直播

2. 切換到「直播」選項

　　當你的追蹤對象分享直播時，可以從他們的大頭貼照看到彩色的圓框以及Live或開播的字眼，按點大頭貼照就可以看到直播視訊。

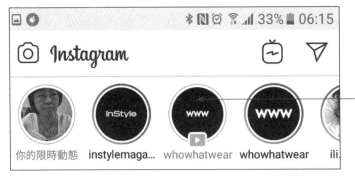

你的追蹤對象如有開直播，可從他的大頭貼看到看到彩虹圓框以及Live字眼，若在限時動態中分享直播視訊會顯示播放按鈕

　　很多廠商經常將舉辦的商品活動和商品使用技巧等直播的方式，來活絡商品與粉絲的關係。粉絲觀看直播視訊時，可在下方的「傳送訊息」欄

中輸入訊息，也可以按下愛心鈕對影片說讚。

觀賞者可在「傳送訊息」欄上輸入訊息或加入表情符號

直播影片時，用戶留言都會在此顯現

顯示按讚的情況

10-3 YouTube直播

　　YouTube平台上直播是與受眾即時互動的最好方式，從個人Youtuber販售產品，並透過直播跟粉絲互動，延伸到電商品牌透過直播行銷。各位要在YouTube上進行直播，基本上有三種方式：「行動裝置」、「網路攝影機」、「編碼器」。其中以網路攝影機和行動裝置最適合初學者來使用，因為不需要太多的設定就可以立即進行直播，而進階使用者則可以透過編碼器來建立自訂的直播內容。各位可以依照個別帳戶的狀況來選擇適合的其中一種直播方式，如果你是第一次進行直播，那麼在頻道直播功能

開啓前，必須先前往youtube.com/verify進行驗證。這個驗證程序只需要簡單的電話驗證，然後再啓用頻道的直播功能即可。驗證方式如下：

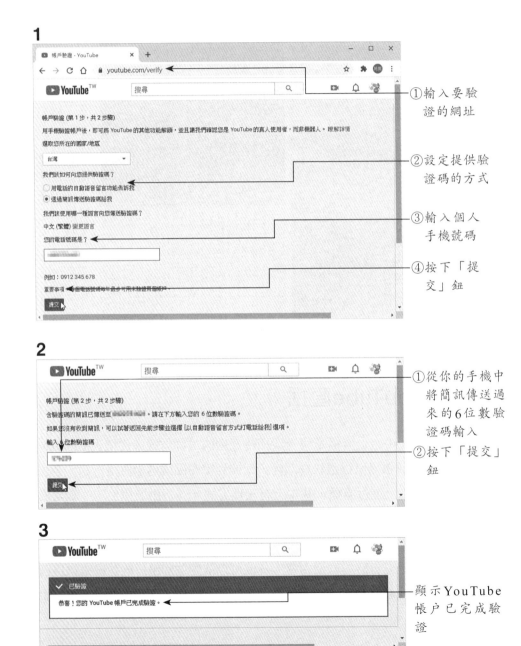

1
①輸入要驗證的網址
②設定提供驗證碼的方式
③輸入個人手機號碼
④按下「提交」鈕

2
①從你的手機中將簡訊傳送過來的6位數驗證碼輸入
②按下「提交」鈕

3
顯示YouTube帳戶已完成驗證

　　完成驗證程序後，只要登入youtube.com，並在右上角的「建立」鈕下拉選擇「進行直播」即可。如果這是你第一次直播，畫面會出現提示，說明YouTube將驗證帳戶的直播功能權限，這個程序需要花費24小時的等待時間，等24小時之後就能選擇偏好的YouTube直播方式。特別注意的是，直播內容必須符合YouTube社群規範與服務條款，如果不符合要求，就可能被移除影片，或是被限制直播功能的使用。如果直播功能遭停用，帳戶會收到警告，並且3個月內無法再進行直播。

10-3-1 行動裝置直播

　　目前越來越多銷售是透過直播進行，主要訴求就是即時性與共時性，這也最能強化觀眾的共鳴，特別是利用行動裝置上的YouTube來進行直播。由於行動裝置攜帶方便，隨時隨地都可進行直播，記錄關鍵時刻或瞬間的精彩鏡頭是最好不過的了。不過以行動裝置進行直播，頻道至少要有1000人以上的訂閱者，且訂閱人數達標後，還需要等待一段時間，才能取得使用行動裝置直播權限。另外，你的頻道需要經過驗證，且手機必須使用iOS 8以上的版本才可使用。

　　各位要在YouTube進行直播，請於頻道右上角按下 ▢ 鈕，出現左下圖的視窗時，點選「允許存取」鈕。

　　由於是第一次使用直播功能，所以用戶必須允許YouTube存取裝置上的相片、媒體和檔案，也要允許YouTube有拍照、錄影、錄音的功能。

　　當各位允許YouTube進行如上的動作後，會看到「錄影」和「直播」兩項功能鈕，如下圖所示。

　　點選「直播」鈕後，還要允許應用程式存取「相機」、「麥克風」、「定位服務」等功能，才能進行現場直播，萬一你的頻道不符合新版的行動裝置直播資格規定，它會顯示視窗來提醒你，你還是可以透過網路設定機或直播軟體來進行直播。

10-3-2 網路攝影機直播

　　當各位擁有YouTube頻道，就可以透過電腦和網路攝影機進行直播。利用這種方式進行直播，並不需要安裝任何的應用程式，而且大多數的筆電都有內建攝影鏡頭，一般的桌上型電腦也可以外接攝影機，所以不需要特別添加設備。網路攝影機很適合做主持實況訪問，或是與粉絲互動。

　　各位要在電腦上使用網路攝影機進行直播，請先確定YouTube帳戶已經通過驗證，接著由YouTube右上角按下 ▣◀ 鈕，下拉選擇「進行直播」指令，經過數個步驟後，你會看到如圖的畫面，請耐心等待一天的時間後，再進行直播的設定。

顯示要等24小時後才可準備就緒

經過24小時的準備時間後，帳戶的直播功能就可以開始啟用。請將麥克風接上你的電腦，再次由YouTube右上角按下 ■◀ 鈕，下拉選擇「進行直播」指令，並依照下面的步驟進行設定。

1

①按此鈕
②下拉選擇「進行直播」指令

2

選此項準備開始直播

CHAPTER

10

3

―點選此項使用目前
的網路攝影機

4

―按「允許」鈕允許
YouTube 存取麥克
風和攝影機的功能

5

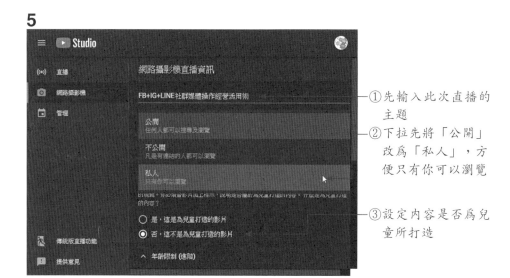

①先輸入此次直播的
　主題
②下拉先將「公開」
　改為「私人」，方
　便只有你可以瀏覽

③設定內容是否為兒
　童所打造

6

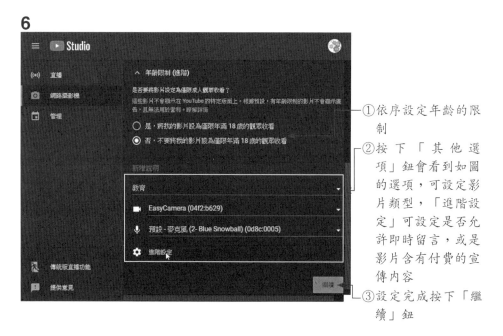

①依序設定年齡的限
　制
②按下「其他選
　項」鈕會看到如圖
　的選項，可設定影
　片類型，「進階設
　定」可設定是否允
　許即時留言，或是
　影片含有付費的宣
　傳內容
③設定完成按下「繼
　續」鈕

CHAPTER 10

7

按此鈕可上傳自訂的縮圖

按「編輯」鈕將回到原視窗設定網路攝影機直播資訊

8

①點選圖片縮圖
②按下「開啟」鈕

9

按此鈕開始進行直播

10

①開始直播後,會在上方看到「直播中」的文字,同時顯現直播時間與觀眾數目

②直播完成按此鈕結束直播

直播結束後,只要影片完成串流的處理,你就可以在「影片」類別中看到已結束直播的影片。如下圖示:

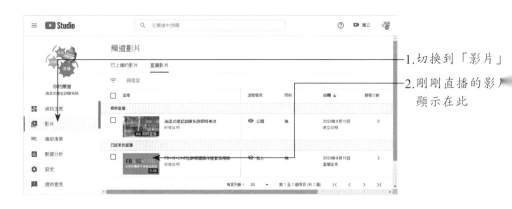

1.切換到「影片」

2.剛剛直播的影片顯示在此

在「直播影片」的標籤中,只要你將滑鼠移入該影片的欄位,就可針對直播的詳細資訊、數據分析、留言、取得分享連結、永久刪除等進行設定。

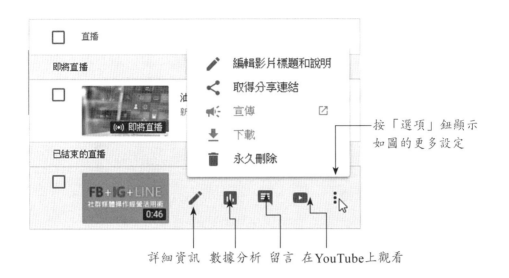

按「選項」鈕顯示
如圖的更多設定

詳細資訊　數據分析　留言　在YouTube上觀看

10-4 Google Hangouts即時通訊 (此服務已於2022年11月關閉)

　　如果想到與朋友進行即時通訊，通常大家會想到用LINE、Messenger、WeChat等即時通訊軟體，Google Hangouts也可以進行類似LINE、Messenger、WeChat的訊息傳送、語音通話和視訊通話，除了可以一對一傳送訊息進行交談，在對話中還可以加入相片、地圖、表情符號、貼圖和GIF，讓聊天內容更加生動有趣。

　　各位如果要使用Google Hangouts進行視訊會議或線上交談，除了可以安裝App軟體外，也可以透過瀏覽器就可以使用，只要擁有Google帳號，就可以線上Google Hangouts進行通訊。你可以到「chrome線上應用程式商店」找到「Hangouts Chrome App」安裝頁面，https://chrome.google.com/webstore/detail/hangouts/knipolnnllmklapflnccelgolnpehhpl，透過Google Chrome下載安裝全新的Hangouts桌面App。

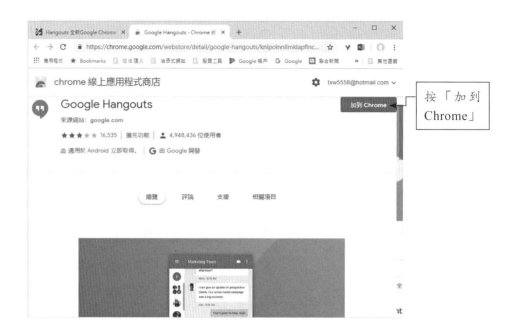

按「加到Chrome」

安裝「Hangouts Chrome App」後，我們就可以利用「Chrome應用程式」分頁的桌面應用程式開始功能表來啟動它。如下圖所示：

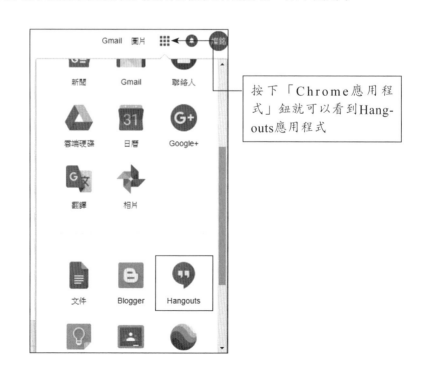

按下「Chrome應用程式」鈕就可以看到Hangouts應用程式

　　啓動後只要按一下 ➕ 新的對話 　就可以訊息傳送、語音通話和視訊通話。

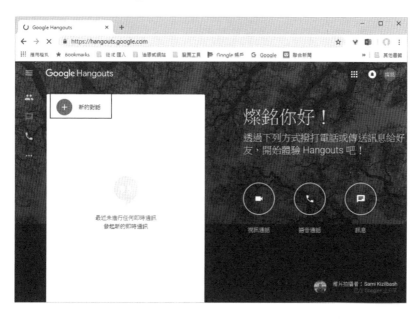

　　Hangouts還有一些特別適合商務工作的優點，例如所有對話、通訊錄都會自動備份到Gmail管理，在Gmail中可以搜尋到所有對話記錄。另外只要在Google Hangouts裡面傳送的照片，也會同步備份在群組專屬的「Google相簿」中，群組中的成員於會議結束後，可以到Google相簿查看線上交談過程中所傳送過的相片。此外，Google Hangouts在網頁版上進行視訊聚會時，可以連結其他的Web App，在視訊會議過程不只能透過影像討論，還能直接打開各種Google文件編輯工具進行協同合作，讓參與會議的同仁有更多元的溝通方式。

　　至於Google Hangouts可以免費公開視訊直播，而且沒有人數限制，更不需要安裝額外軟體。當要進行Google Hangouts私人視訊會議前，可以利用Google日曆來事先排定視訊會議時間，只要在Google日曆上建立一個會議約會，然後在會議編輯畫面裡選擇「新增視訊通話」，這樣所有被邀請者都可以在會議時間參與視訊。

利用Google日曆可事先排定視訊會議時間

由於Google Hangouts使用的是Google帳號，為了提高帳號的安全性，可以藉由兩步驟驗證機制，同時使用密碼和自己持有的手機來確保帳戶安全性，那麼可以確保自己的帳號被盜用的風險，也讓通訊更安全。

　　在今天的網路世代常會有不同的工作平台，在電腦端可以從Gmail、Google Hangouts網頁上打開來直接通訊，也可以安裝「獨立的Google Chrome Hangouts App」，就能在桌面上用獨立視窗進行即時通。為了達到在電腦、Android、iOS跨平台即時通訊，只要在每一台行動裝置下載安裝Android或iOS App，再登入自己的Google帳號，就可以在電腦、Android、iOS所有裝置保持同步，可以在跨平台不同裝置間保留聊天紀錄，隨時隨地延續與朋友間的對話內容。

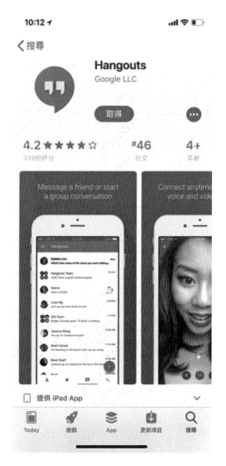

在iOS裝置上也可以下載hangouts

本章習題

1. 直播行銷的好處是什麼？

2. 直播成功的關鍵在於哪些？

3. 如何開始進行臉書直播？

4. 如何在Instagram開直播？

5. 如何使用Google Hangouts進行視訊會議？

6. 如何利用Google Hangouts達到在電腦、Android、iOS跨平台即時通訊？

7. 請簡述直播帶貨（Live Delivery）。

第十一章

微商營運與微信行銷

　　一場突如其來的新冠肺炎疫情，打亂了人們生活步調，連工作模式也隨著被迫改變，近年「微商」的興起，因資金門檻不高，讓人們在工作布局時多了一個可能選項。微商最早的定義是指在微信（Wechat）朋友圈內銷售的商務活動，加上微信的封閉性和資訊接收的精準性，帶來了一種全新的經濟方式，後續則演變成「商品代理商」的概念。現在我們已經

微信（Wechat）是騰訊公司推出的即時通訊軟體

把微商泛稱那些是泛利用行動端的社群媒體打造個人通路，例如微信、微博、QQ、LINE、FB等，要能將訊息分享出去，就能創造商機，建立且分享個人或產品的口碑，最終滿足粉絲需求的一種商業行為，也就是只要只要一支手機就能快速傳遞商品資訊，消費者也能隨時透過手機消費，那些在行動社群網路賣貨的商家。

相較於傳統直銷拼命拉下線的方式，微商的銷售更依賴口碑與信譽，微商不再只是在朋友圈發發照片，而發展成為了一種新時代下的經營方式，核心價值在於快速傳遞信息，包括照片分享、位置服務即時線上傳訊、影片上傳下載、打卡等功能變得更能隨處使用，然後再藉由社群媒體廣泛的擴散效果，透過朋友間的串連、分享、社團、粉絲頁的高速傳遞，使品牌與行銷資訊有機會直接觸及更多的顧客。品牌要做好微商行銷，一定要先善用行動社群媒體的特性，除了抓緊現在行動消費者的「四怕一沒有」：怕被騙、怕等待、怕麻煩、怕買貴以及沒時間這五大特點，避免服務失敗帶來的負面效應。

11-1 微信新手日記

微信可說是目前大中華圈中最火熱的App，也是騰訊公司推出的即時通訊軟體，可藉由智慧型手機來傳送各種多媒體訊息，目前已超過12億人使用WeChat來作為和親朋好友聯繫與分享的工具，WeChat可以透過WeChat ID或手機號碼來快速找到並新增好友。用戶除了可以隨心所欲地透過文字、圖片、影片等媒體來和好友分享生活趣事外，也可以透過豐富的貼圖來表達個人無法言語的感受，還擁有免費的語音和視訊通話功能，讓用戶們隨時隨地都能聽到好友的聲音及看見對方的影像，甚至是建立多人聊天的群組。

微信已是全球最大的行動通訊平台，是現階段不得不重視的行動行銷管道，微信行銷是一種生活方式，也是商務與推廣工作，與其他管道投放

方式相比最大的優勢就是100%到達使用者終端，精準度極高，全世界的微商創業人數每天正以萬人的速度增加，除此之外，WeChat支持多語言介面、提供訊息翻譯功能、能建立500人的群組、還能即時分享地理位置等。

當然使用微信來行銷，最有效益的目標對象，還是針對大中華圈用戶，店家透過提供使用者需要的資訊，推廣自己的品牌與產品，實現點對點的個人化行銷。「做微商行銷就像談戀愛，多互動溝通最重要！」微信行銷的重點核心在於互動，經營標的是生活與信任，跟臉書與微博（Weibo）不同之處是不著重在追求粉絲數量，而是強調一對一的互動交流，只要控制好發送的頻率與內容，一般來說粉絲不會反感，同時更能形成一種朋友關係，並有可能轉化成忠誠的客戶。

消費者盲從的時代漸趨式微，粉絲經濟時代宣告來臨，從行銷的角度來說，臉書與微博的傳播廣度雖然驚人，但是朋友間互動與彼此信任的深度卻是遠不及微信。微信的文章不但沒有字數限制，還可以在中間插入許多圖片相片、視頻等多媒體素材，例如標題是否能讓粉絲有想點擊的興趣，最關鍵的是圖文是否能引起粉絲共鳴，讓大多數潛在消費者主動關注。

11-1-1 新會員註冊微信帳號

對於尚未使用過微信的使用者來說，想要註冊微信帳號，可以透過智慧型手機至Google Play搜尋「WeChat」，於左下圖按下「安裝」鈕，接著按下「註冊」鈕，當出現「填寫手機號碼」的畫面時，輸入個人暱稱、手機號碼、以及個人密碼，按下「註冊」鈕開始進行註冊的程序。

按下「註冊」鈕時，基於帳號安全的考量，微信會啓動安全驗證碼校驗的程序，按下「開始」鈕微信會自動傳送驗證碼到用戶的手機中，綁定手機號碼就完成驗證的程序，各位會進入WeChat介面，此時會看到WeChat Team的歡迎訊息，告知你如何輕鬆找到好友，以及如何進行免費聊天、分享趣事、免費通話等相關資訊。

11-2 新增朋友

　　進入WeChat介面後首先來新增朋友，只有彼此在微信上相互加為朋友才可以看到對方的朋友圈與包括評論、按讚或轉發文章等動作。各位如果想擴展客戶資源，最直接的方法就是擴展微信朋友圈，並吸引盡可能多的朋友。WeChat提供的新增朋友方式有如下幾種：

■邀請朋友：可以使用簡訊、郵件、Facebook、Twitter等方式來邀請朋友一起用WeChat聊天。

■朋友探測器：這是快速新增身邊的人成為朋友的方式。

■加入私密群組：與身邊的朋友輸入相同的四個數字，就可以進入聊天室。

■掃描：將身邊朋友的QR Code置於取景框中內，即可進行掃描。

■手機聯絡人：新增手機聯絡人或Google聯絡人。

■官方帳號：可透過搜尋功能找尋名人的微信。

■企業WeChat聯絡人：透過手機號碼搜尋企業的WeChat用戶。

　　請在WeChat主頁面按下右上角的「+」鈕，再於出現的選單中選擇「新增朋友」指令，就會看到WeChat提供如下幾種新增朋友的方式：

也可以在此輸入WeChat ID或手機號碼

新增朋友的各種方式

11-2-1 搜尋朋友ID或電話號碼

　　各位要新增朋友，可以直接在介面上方的搜尋列上輸入朋友的We-Chat ID或手機號碼。如右上圖所示，只有在搜尋列上輸入朋友的WeChat ID，就可以馬上看到朋友的詳細資料，確認對象後按下「加入通訊錄」鈕就完成新增朋友的動作。

2.朋友大頭貼會顯示在主介面上

1.確認朋友資訊後，按此鈕加入通訊錄

11-2-2 從手機聯絡人新增朋友

　　如果你的朋友很多，不妨在「新增朋友」的頁面中選擇「手機聯絡人」，WeChat會很聰明的幫各位查看資料，凡是WeChat用戶的朋友就可以一覽無遺。如下圖所示：

CHAPTER

11

CHAPTER

11

2.按「傳送」
　鈕傳送訊息
　給朋友

1.按下「新
　增」鈕提
　出邀請

11-3 訊息／語音和視訊功能

　　WeChat通訊軟體提供免費的語音和視訊通話，所以當你和朋友的手機中都擁有WeChat程式，就可以用它來傳送訊息、語音或是利用視訊功能通話，這樣聊天就不需要再額外付電話費用，對於愛「開講」的人來說超划算。此處我們示範語音、訊息或視訊的各種傳送方式。首先在「通訊錄」中點選要聊天的朋友，使顯示朋友的詳細資料。在朋友的詳細資料下方按下「傳訊息」鈕即可進行文字的傳送。如果點選「視訊及語音通話」則是可以直接交談或是看到雙方的影像。

按此鈕進行文
字訊息的傳送

按此鈕進行視
訊或語音通話

　　當各位按下「傳訊息」鈕進入聊天視窗後，仍然可以切換到「視
訊」或「語音」的方式。如下二圖所示，在左下圖的頁面下方，各位可以
看到一閃一閃的文字輸入點，在該欄位可直接輸入文字訊息。請注意！微
信中最重要的行銷力道仍在「文字」本身，應該是要學會利用越少的字數
來抓住好友的眼球。如果要變更為「語音」，請按一下擴音符號的圓鈕，
就會切換到右下圖的頁面，接著在鍵盤圓鈕後方按下「按住說話」的長方
形按鈕即可進行語音的錄製與傳送。

CHAPTER

11

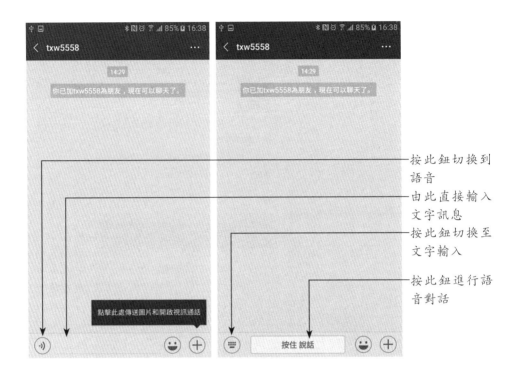

按此鈕切換到
語音

由此直接輸入
文字訊息

按此鈕切換至
文字輸入

按此鈕進行語
音對話

　　另外，想要和朋友透過視訊來對話，那麼按下有「+」符號的圓鈕，當出現如下的按鈕畫面後，點選「視訊通話」鈕，只要撥通視訊，就能看到對方與自己的畫面了。

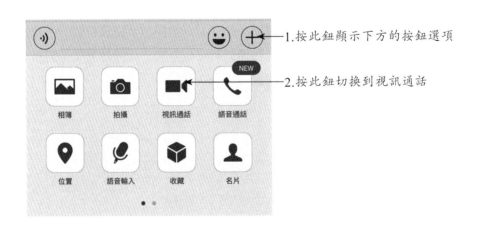

1.按此鈕顯示下方的按鈕選項

2.按此鈕切換到視訊通話

　　當選擇視訊通話 ■ 時，各位就可以在手機上看到雙方的視訊畫面，
預設會將對方影像以全畫面顯示，而自己的影像以子母視窗顯示在右上
角，這樣可以讓你清楚看到對方，如需對換影像畫面，請點選右上角的影
像即可切換。

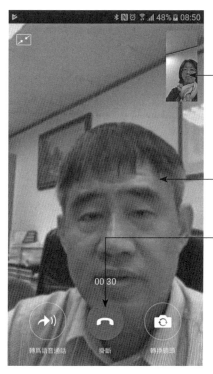

按此處可將視訊雙方的畫面
對換位置

顯示對方影像

按此鈕停止視訊通話

　　另外，在按鈕畫面中如果點選「語音通話」 📞 鈕，那麼會在螢幕上
顯示對方的大頭貼照，透過揚聲器將對方的聲音放出來。

11-4 我的設定功能

　　如果要和朋友或粉絲進行溝通聊天或加深客戶的印象，有張大頭貼的相片可方便搜尋，也能顯示個人或店家最近的狀況。選擇照片時WeChat有提供簡易的裁切功能，讓各位以最佳的比例顯現個人大頭貼。另外，聊天畫面中的「字體大小」、WeChat ID、以及個人資訊等設定，都是在「我的設定」中進行設定的，這裡一併跟各位做說明。

11-4-1 設定大頭像照片

　　設定大頭像照片的好處是，對方可以確認你是否是他所認識的人，而且一開始就能緊抓用戶的視覺動線。各位要設定個人相片請由WeChat右下角先點選「我的設定」鈕，接著點選左上角的空白相片框，如左下圖所示。當進入「個人資訊」頁面後，點選「頭像」後方的相片框，如右下圖所示。

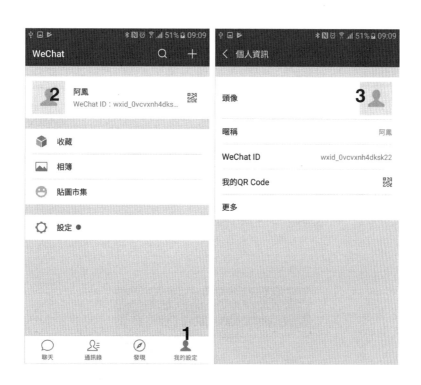

　　進入「頭像」頁面後，先點選右上角的「選項」鈕，此時下方才會顯現「從手機相簿選擇」的選項，按下該鈕即可從你的相簿中找相片。當你找到相片後，各位可以調整相片位置，再進行剪裁使顯示要保留的區域範圍，最後按下「使用」鈕即可。

CHAPTER

11

　　如下圖所示，就會看到「個人資訊」中的「頭像」已變更成新設定的相片了！

11-4-2 變更預設字體大小

當你和朋友在進行訊息交談時,如果覺得預設字體不夠大,想要變更字體大小,那麼可以透過以下的方式進行設定:請按下「我的設定」頁面中的「設定」鈕,接著在右下圖的視窗中選擇「一般」。

進入「一般」頁面後選擇「字型大小」的選項,最後拖曳下方的白色圓鈕位置,即可變更預設字體大小。

11-4-3 設定WeChat ID與個人資訊

　　在預設狀態下，WeChat ID是一長串的英文與數字所組成，他人想要透過ID來搜尋你並不容易，如果想要透過WeChat來進行品牌、商品、店面等行銷或宣傳，那麼就必須要設定一個較好記憶的ID，同時性別、地區、個性簽名等個人資訊也不可缺少才行。要注意的是，WeChat ID是帳戶的唯一憑證，僅支持6～20個字母、數字、底線或減號，且必須以字母開頭，一旦設定後將無法再進行修改喔！

設定WeChat ID

　　請在「我的設定」頁面上方按下大頭像，使進入「個人資訊」頁面，接著點選WeChat ID的欄位，如右下圖所示：

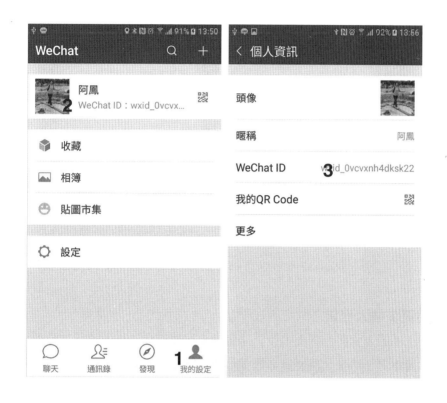

　　請輸入期望顯示的ID後按下「儲存」鈕，系統會出現右下圖的視窗，按下「確定」鈕確認後，以後你就可以用新的ID及密碼登入了。

設定更多個人資訊

　　在「個人資訊」頁面中按下「更多」，使進入「更多資訊」頁面，依序點選性別、地區、個性簽名等欄位進行設定。

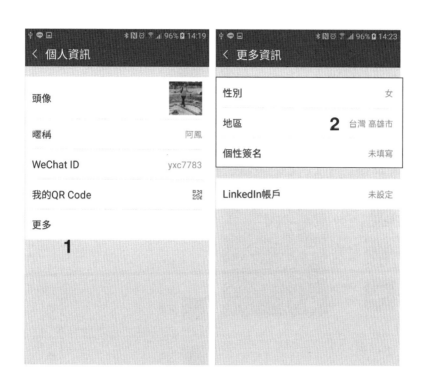

11-5 建立聊天群組

　　對於微商行銷來說，群組當然是重要的曝光管道，店家可以將貼文、圖片、視訊等，與店家相關的促銷活動或資訊快速傳播出去，WeChat所提供的群組聊天和通話，最多可容納高達500人的群組，同時9人同步進行視訊通話。所以利用這種方式，除了可和自己的親朋好友聯繫感情外，很多的公司行號或商品銷售，也都是透過這樣的方式來傳送優惠的訊息或方案給消費者知道，此種方式也是最便宜、又有效的廣告行銷手法。

11-5-1 建立新聊天群組

　　要建立新的聊天群組，請按下視窗右上角的「+」鈕，選擇「新聊天」指令（如左下圖），接著把朋友一一勾選起來，按下「確定」鈕就可以加入。

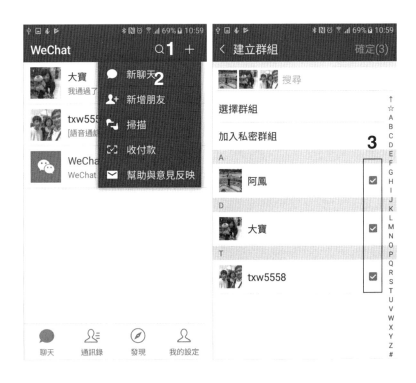

　　當你把朋友邀進群組後，接下來即可進行聊天或訊息的傳送，雖然是閒聊，在微信朋友圈中，也要盡可展現最真實的一面：

顯示群組中的總人數

顯示你已邀約的朋友

顯示群組中的對話內容

11-5-2 變更聊天群組名稱

　　剛剛新建立的聊天群組尚未命名，各位不妨考慮把名稱修改成易於辨識的名稱，這樣當群組多的時候就比較容易找到。請在左下圖的視窗中按下「群組名稱」，進入「群組名片」的頁面後輸入群組名稱，再按下「儲存」鈕即可。

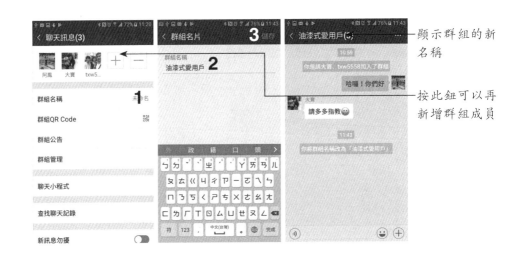

　　如果建立聊天室之後還需要再新增成員,可在左上圖的頁面中按下「+」鈕繼續加入喔!

11-5-3 善用WeChat的貼圖市集

　　當各位透過「群組」功能與朋友或行銷對象進行宣傳時,不妨善用貼圖市集,讓這些豐富的貼圖可以快速表達一些文字無法貼切表達的情感。WeChat擁有很多免費又好看的貼圖可以使用,想要免費下載這些貼圖市集,可在「我的設定」頁面中按下「貼圖市集」鈕(如左下圖),就會在「貼圖市集」的頁面中看到各種貼圖,只要有喜歡的貼圖,都可以點進去查看和進行「新增」。

各式各樣的
貼圖

　　以「志玲姊姊」的貼圖為例，點選之後可以看到貼圖所包含的各種表情，「新增」鈕後，下回在你進行聊天時就可以輕鬆派上用場，只要點類別，再由上方選取貼圖，就能傳送出去。如右下圖所示：

　　目前很多商家都會和插畫家或設計師合作開發各種的貼圖樣本，用以行銷自家的商品或形象，也增加曝光的機會，例如「志玲姊姊」的貼圖就是一個行銷的實例。

11-6 WeChat行銷入門

　　WeChat和LINE都是即時通訊的手機應用程式，如果使用微信來行銷，最有效益的目標對象應該是中國用戶。所以你的產品能夠銷售到中國大陸，那麼使用微信絕對是一個很好的行銷管道。WeChat進行行銷除了透過群組建立的聊天室外，利用「發現」功能也可以找到新客戶，畢竟有人潮的地方就會有商機。只要讓商品有更多的曝光機會，就有機會遇到好客戶成交。

CHAPTER

11

11-6-1 從聊天室群組進行宣傳

在前面的章節中，各位已經學會新增聊天群組的方式，當你將志同道合或愛用客戶收集到群組中，就可以隨時將最新消息放送給群組成員們知道，最好能添加一些個人評論和意見，以便用戶更可以快速了解你的意圖。要注意的是，參加群組的成員並不是為了要看廣告而加入，所以當你設立群組後，必須以經營朋友圈的態度來對待所有成員，而非單純從廣告推銷的角度著眼，接下來請在聊天群組中按下右下方的「+」圓鈕，當下方出現按鈕清單時，直接點選「相簿」鈕，就可以將手機中要宣傳的相片傳送出去。

顯示傳送
結果

11-6-2 從「發現」拓展客戶群

當各位有在「我的設定」頁面中設定好個人的頭像、性別、地區、個性簽名等相關資訊後，那麼你可以利用「發現」功能來拓展你的客戶群。請切換到「發現」，各位會看到如下幾個選項：

掃描我的QR Code

透過「搖一搖」功能可以找到這
個世界上同樣也在搖手機的朋友

可以針對、文章、官方帳號、小
程式、貼圖等進行搜尋

「附近的人」可獲取你的位置資
訊,你的位置資訊會被保留一段
時間

■ 附近的人

　　如果你是店家、公司或是賣場,你可以將商品或促銷訊息放到個人
簽名檔上,這樣他人利用「附近的人」的功能來找到你。這個功能可以找
到附近有使用WeChat的用戶,你也可以主動和他們打招呼,讓附近的人
也可以主動到你的店面來消費。如下二圖所示,在筆者附近的WeChat用
戶,有剪頭髮的,有家電用品的,有問事的,如果有需求就可以和他們直
接連絡。畢竟是附近的人,有地緣關係,較容易產生信任感,拉近彼此的
距離。

　　針對搜尋到的人，如果你點選右上角的「選項」鈕，還可針對女生、男生、附近打招呼的人來查看，如下圖所示。由於使用「附近的人」的功能將獲取你的位置資訊，你的位置資訊會被保留一段時間，如果不想保留也可以由此選擇「刪除位置並退出」指令來刪除資訊。

只看女生

只看男生

查看全部

附近打招呼的人

刪除位置並退出

▉ 掃描QR Code

　　每個WeChat用戶都有自己的QR Code，由「我的設定」頁面中點選你的WeChat ID，進入「個人資訊」頁面時，再點選「我的QR Code」選項，就可以看到自己的QR Code。

　　當你與客戶見面時，就可以透過「我的QR Code」功能，讓客戶們從「發現」頁面的「掃描」功能把你加入，只要對方將你手機的QR Code對準取景框內，就可以快速找到你的ID，傳送訊息或與你進行通話。

■搖一搖

　　「搖一搖」功能可以找到這個世界上同樣也在搖手機的WeChat用戶。如下圖所示，在遙遠的地方，有人和筆者一樣在搖晃手機，如果你願意的話也可以主動和他們打招呼。不過不建議一開始就向對方發送行銷的訊息，這樣容易造成他人的反感，反而容易招受檢舉。

透過「搖一搖」功能
所找到的用戶

本章習題

1. 從行銷的角度來說，微信有何特點？

2. 什麼是微商？使簡述之。

3. 如何在微信上新增朋友？

4. 請簡介WeChat所提供的群組聊天和通話功能。

5. 如何看到自己的QR Code？

第十二章

社群行銷的素養、倫理與法律研究

　　社群網站是目前現代人社交娛樂的重要管道，，成功地用戶讓成為一種現代人的生活習慣，也因為受到民眾的高度歡迎，有越來越多企業利用社群網站推廣業務，也產生了因為社群發展而產生的新行為。近年來不少店家或品牌靠著社群媒體出頭天，然而，也不少因為社群媒體侵犯智慧財產權出包的案例，諸如廣告侵犯智慧財產權或商標權、不實廣告、不公平競爭、濫用FB或是Twitter社群網站上的照片與圖像、網域名稱、網路犯罪等議題，例如很多人以為自己直播就沒有版權問題，因為牽涉到公開傳輸權，但我們得注意在整個播放過程中所有內容是否有他人的著作權，這些案例可能被政府機關處以高額的罰款、禁止從事特定活動，或是被競爭對手提起訴等，而造成已投入的行銷資源可能因此付諸流水。

社群、部落格上圖片或影音的引用都受到著作權相關法律的約束

12-1 資訊倫理與素養

　　網路發展帶來了便利生活和豐富的資訊世界，並且增加了人與人之間多元與多媒體的互動模式，網路其實正默默地在主導一個人類新文明的成型，當然也帶來了對於傳統文化與倫理的衝擊。網路文化的特性是在網路世界的普遍性中，即使是位於社會網路中最底層的人，也都與其它占據較優勢社會地位的人一樣，在網路中擁有同等機會與地位來陳述他們自己的意見。甚至透過大眾討論與交流的管道，搖身一變成為影響社會的重大力量，俗稱為「婉君」（網軍）。在網路世界上，雖然並無國界可言，可以無限延伸人類的視野，但是網路世界並非就因此就不受原本現實世界的法律或倫理所拘束。由於網路的特性，具有公開分享、快速、匿名等因素，

在社會中產生了越來越多的倫理價值改變與偏差行爲，因此資訊倫理的議題越來越受到各界廣泛的重視。

12-1-1 資訊倫理的定義

　　倫理是一個社會的道德規範系統，賦予人們在動機或行爲上判斷的基準，也是存在人們心中的一套價值觀與行爲準則，如同我們討論醫生對病人必須有醫德，律師與他的訴訟人有某些保密的職業道德一樣。對於擁有龐大人口的電腦相關族群，當然也須有一定的道德標準來加以規範，這就是「資訊倫理」所將要討論的範疇。

　　資訊倫理的適用對象，包含了廣大的資訊從業人員與使用者，範圍則涵蓋了使用資訊與網路科技的態度與行爲，包括資訊的搜尋、檢索、儲存、整理、利用與傳播，凡是探究人類使用資訊行爲對與錯之道德規範，均可稱爲資訊倫理。資訊倫理最簡單的定義，就是利用和面對資訊科技時相關的價值觀與準則法律。

12-1-2 資訊素養

　　所謂「水能載舟，亦能覆舟」，資訊網路科技雖然能夠造福人類，不過也帶來新的危機。網際網路架構協會（Internet Architecture Board, IAB）主要是負責於網際網路間的行政和技術事務監督與網路標準和長期發展，就曾將以下網路行爲視爲不道德：

1. 在未經任何授權情況下，故意竊用網路資源。
2. 干擾正常的網際網路使用。
3. 以不嚴謹的態度在網路上進行實驗。
4. 侵犯別人的隱私權。
5. 故意浪費網路上的人力、運算與頻寬等資源。
6. 破壞電腦資訊的完整性。

　　二十一世紀資訊技術將帶動全球資訊環境的變革，隨著知識經濟時代的來臨與多元文化的社會發展，除了人文素養訴求外，資訊素養的訓練與資訊倫理的養成，也越來越受到重視。素養一詞是指對某種知識領域的感知與判斷能力，例如英文素養，指的就是對英國語文的聽、說、讀、寫綜合能力，資訊素養（Information Literacy）可以看成是個人對於資訊工具與網路資源價值的了解與執行能力，更是未來資訊社會生活中必備的基本能力。

　　資訊素養的核心精神是在訓練普羅大眾，在符合資訊社會的道德規範下應用資訊科技，對所需要的資訊能利用專業的資訊工具，有效地查詢、組織、評估與利用。McClure教授於1994年時，首度清楚將資訊素養的範圍劃分為傳統素養（traditional literacy）、媒體素養（media literacy）、電腦素養（computer literacy）與網路素養（network literacy）等數種資訊能力的總合，分述如下：

■ **傳統素養**（traditional literacy）：個人的基本學識，包括聽說讀寫及一般的計算能力。

■ **媒體素養**（media literacy）：在目前這種媒體充斥的年代，個人使用媒體與還要善用媒體的一種綜合能力，包括分析、評估、分辨、理解與判斷各種媒體的能力。

■ **電腦素養**（computer literacy）：在資訊化時代中，指個人可以用電腦軟硬體來處理基本工作的能力，包括文書處理、試算表計算、影像繪圖等。

■ **網路素養**（network literacy）：認識、使用與處理通訊網路的能力，但必須包含遵守網路禮節的態度。

12-2 PAPA理論

　　資訊倫理就是與資訊利用和資訊科技相關的價值觀，本章中我們將引用Richard O. Mason在1986年時，提出以資訊隱私權（Privacy）、資訊精確性（Accuracy）、資訊所有權（Property）、資訊使用權（Access）等四類議題來界定資訊倫理，因而稱為PAPA理論。

12-2-1 資訊隱私權

　　隱私權在法律上的見解，即是一種「獨處而不受他人干擾的權利」，屬於人格權的一種，是為了主張個人自主性及其身分認同，並達到維護人格尊嚴為目的。「資訊隱私權」則是討論有關個人資訊的保密或予以公開的權利，包括什麼資訊可以透露？什麼資訊可以由個人保有？也就是個人有權決定對其資料是否開始或停止被他人蒐集、處理及利用的請求，並進而擴及到什麼樣的資訊使用行為，可能侵害別人的隱私和自由的法律責任。

　　在今天的高速資訊化環境中，不論是電腦或網路中所流通的資訊，都已是一種數位化資料，當網路成功的讓網站伺服器把資訊公開給上百萬的使用者的同時，其他人也可以用同樣的管道侵入正在運作的Web伺服器，

間接也造成隱私權被侵害的潛在威脅相對提高。

只有信譽良好的電子商務業者，才能使資訊隱私權得到充分保障

　　例如未經同意將個人的肖像、動作或聲音，透過網路傳送到其他人的電腦螢幕上，這都是嚴重侵害隱私權的行為。之前新竹有一名男大學生扮駭客，將「彩虹橋木馬程式」植入某女子的電腦中，並透過網路遠端遙控，開啟電腦上的攝影機，錄下被害女子的私密照片，後來更將其放在部落格上。經報警後，尋線找到該大學生，並以製作犯罪電腦程式、侵入電腦、破壞電磁紀錄、妨害祕密、散布竊錄內容以及加重誹謗等罪嫌起訴。

　　美國科技大廠Google也十分注重使用者的隱私權與安全，當Google地圖小組在收集街景服務影像時會進行模糊化處理，讓使用者無法辨認出影像中行人的臉部和車牌，以保障個人隱私權，避免透露入鏡者的身分與

資料。如果使用者仍然發現不當或爭議內容都可以隨時向Google回報協助儘快處理。之前臉書為了幫助用戶擴展網路上的人際關係，設計了尋找朋友（Find Friends）功能，並且直接邀請將這些用戶通訊錄名單上的朋友來加入Facebook。後來德國柏林法院判決臉書敗訴，因為這個功能因為並未得到當事人同意而收集個人資料而為商業用途，後來臉書這個功能也更改為必須經過用戶確認後才能寄出邀請郵件。

　　或者像是企業監看員工電子郵件內容，在於僱主與員工對電子郵件的性質認知不同，也將同時涉及企業利益與員工隱私權的爭議性。就僱主角度言，員工使用公司的電腦資源，本應該執行公司的相關業務，雖然在管理上的確有需要調查來往通訊的必要性，但如此廣泛的授權卻可能被濫用，因為任何監看私人電子郵件的舉動，都可能會構成侵害資訊隱私權的事實。

目前兼顧國內外對於這項爭議的法律相關見解，平衡點應是企業最好事先在勞動企契約中載明表示將採取監看員工電子郵件的動作，那麼監看行為就不會構成侵害員工隱私權。因此一般電子商務網站管理者也應在收集使用者資料之前，事先告知使用者，資料內容將如何被收集及如何進一步使用處理資訊，並且善盡保護之責任，務求求資料的隱密性與完整性。

Tips

為了遏止網購業者洩露個資而讓網路詐騙有機可乘，經過各界不斷的呼籲與努力，法務部組成修法專案小組於93年間完成修正草案，歷經數年審議，終於99年4月27日完成三讀，同年5月26日總統公布「個人資料保護法」，其餘條文行政院指定於101年10月1日施行。個資法的核心是為了避免人格權受侵害，並促進個人資料合理利用。

12-2-2 資訊精確性

跨國性大型企業的資訊系統必須能突破時區藩籬，全天候24小時不間斷提供服務，隨時透過網路因應全球生產線與行銷業務的變化與成長，支持企業正常營運所需，不但讓資料匯整到總部的時間更快速，並且獲得更快速且精確的訂單和生產資訊。事實上，資訊時代的來臨，隨著資訊系統的使用而快速傳播，並迅速地深入生活的每一層面，當然錯誤的資訊，也隨著資訊系統的無所不在，嚴重影響到我們的生活。

電腦有相當精確的運算能力，例如遠在外太空中人造衛星的航道計算及洲際飛彈的試射，透過電腦精準的監控，可以精密計算出數千公里以外的軌道與彈著點，而且誤差範圍在數公尺以內。

　　試想如果是輸入電腦的資訊有誤，而導致飛彈射錯位置，那後果真是不堪設想。例如在俄烏戰爭中，一次電腦系統的些微出錯，俄國發射的飛彈落在俄軍軍營，造成人員嚴重傷亡。一般來說，來自網路電子公布欄的匿名信件或留言，瀏覽者很難就其所獲得的資訊逐一求證。一旦在網路上發表，理論上就能瞬間到世界的每一個角落，很容易造成錯誤的判斷與決策，而且許多言論造成的傷害難以事後彌補。例如有人謊稱哪裡遭到核彈衝突，甚至造成股市大跌，多少投資人血本無歸。更有人提供錯誤的美容小偏方，讓許多相信的網友深受其害，皮膚反而潰爛不堪，但卻是求訴無門。

CHAPTER

12

　　2014年時三星電子在台灣就發生了一件稱為三星寫手事件，是指台灣三星電子疑似透過網路打手進行不真實的產品行銷被揭發而衍生的事件。三星涉嫌與網路業者合作雇用工讀生，假冒一般消費者在網路上發文誇大行銷三星產品的功能，並且以攻擊方式評論對手宏達電（HTC）出產的智慧型手機，這也涉及了造假與資訊精確性的問題。

　　後來這個事件也創下了台灣網路行銷史上最高的罰鍰金額，公平會依據了公平交易法24條規定「除本法另有規定者外，事業亦不得為其他足以影響交易秩序之欺罔或顯失公平之行為。」，對台灣三星開罰，罰鍰高達一千萬元，除了金錢的損失以外，對於三星也賠上了消費者對品牌價值的信任。

　　資訊不精確也給現代資訊社會與組織帶來極大的風險，其中包括了資訊提供者、資訊處理者、資訊媒介體與資訊管理者四方面。資訊精確性的精神就在討論資訊使用者擁有正確資訊的權利或資訊提供者提供正確資訊的責任，也就是除了確保資訊的正確性、真實性及可靠性外，還要規範提供者如提供錯誤的資訊，所必須負擔的責任。

12-2-3 資訊財產權

　　在現實的生活中，一份實體財產要複製或轉移都相當不易，例如一台汽車如果要轉手，非得到要到監理單位辦上一堆手續，更不用談複製一台汽車了，那乾脆重新跟車行買可能還更划算。資訊產品的研發，一開始可能要花上大筆費用，完成後資訊產品本身卻很容易重製，這使得資訊產權的保護，遠比實物產權來得困難。對於一份資訊產品的產生，所花費的人力物力成本，絕不在一家實體財產之下，例如一套單機板遊戲軟體的開發可能就要花費數千萬以上，而所有的內容可儲存一張薄薄的光碟上，任何人都可隨時帶了就走。

本公司開發的巴冷公主單機版遊戲就花了預算三千萬

　　因為資訊類的產品是以數位化格式檔案流通，所以很容易產生非法複製的情況，加上燒錄設備的普及與網路下載的推波助瀾下，使得侵權問題日益嚴重。例如在網路或部路落格上分享未經他人授權的MP3音樂，其中像美國知名的音樂資料庫網站MP3.com，提供消費者MP3音樂下載的服務，就遭到美國五大唱片公司指控其大量侵犯他們的著作權。或者有些公司員工在離職後，帶走在職其間所開發的軟體，並在新公司延續之前的設計，這都是涉及了侵犯資訊財產權的行為。

KKBOX的歌曲都是取得唱片公司的合法授權

圖片來源http://www.kkbox.com.tw/funky/index.html

　　資訊財產權的意義就是指資訊資源的擁有者對於該資源所具有的相關附屬權利，包括了在什麼情況下可以免費使用資訊？什麼情況下應該付費或徵得所有權人的同意方能使用？簡單來說，就是要定義出什麼樣的資訊使用行為算是侵害別人的著作權，並承擔哪些責任。

　　我們再來討論YouTube上影片使用權的問題，許多網友經常隨意把他人的影片或音樂放上YouTube供人欣賞瀏覽，雖然沒有營利行為，但也造成了許多糾紛，甚至有人控告YouTube不僅非法提供平台讓大家上載影音檔案，還積極地鼓勵大家非法上傳影音檔案，這就是盜取別人的資訊財產權。

YouTube上的影音檔案也擁有資訊財產權

後來YouTube總部引用美國1998年數位千禧年著作權法案（DMCA），內容是防範任何以電子形式（特別是在網際網路上）進行的著作權侵權行為，其中訂定有相關的免責的規定，只要網路服務業者（如YouTube）收到著作權人的通知，就必須立刻將被指控侵權的資料隔絕下架，網路服務業者就可以因此免責，YouTube網站充分遵守DMCA的免責規定，所以我們在YouTube經常看到很多遭到刪除的影音檔案。

12-2-4 資訊存取權

資訊存取權最直接的意義，就是在探討維護資訊使用的公平性，包括如何維護個人對資訊使用的權利？如何維護資訊使用的公平性？與在哪個情況下，組織或個人所能存取資訊的合法範圍，例如在社群中讓可以控制

成員資格,並管理社群資源的存取權,也盡量避免共用帳號,以降低資訊存取風險。隨著智慧型手機的廣泛應用,最容易發生資訊存取權濫用的問題,特別要注意勿觸犯個人資料保護法、落實企業義務。

　　通常手機的資料除了有個人重要資料外,還有許多朋友私人通訊錄與或隱私的相片。各位在下載或安裝App時,有時會遇到許多App要求權限過高,這時就可能會造成資訊安全的風險。蘋果iOS市場比Android市場更保護資訊存取權,例如App Store對於上架App的要求存取權限與功能不合時,在審核過程中就可能被踢除掉,即使是審核通過,iOS對於權限的審核機制也相當嚴格。

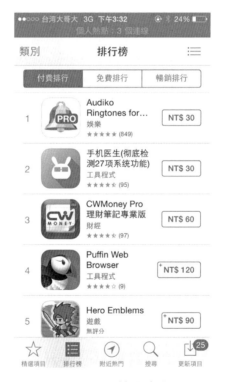

App Store首頁畫面
下載App時經常會發生資訊存取權的問題

12-3 智慧財產權

　　說到財產權，一般人可能只會聯想到不動產或動產等有形體與價值的所有物，因為時代的不斷進步，無形財產的價值也越受到重視，就是人類智慧所創造與發明的無形產品，內容包羅萬象，包括了著作、音樂、圖畫、設計等泛智慧型產品，而國家以立法方式保護這些人類智慧產物與創作人得專屬享有之權利，就叫做「智慧財產權（Intellectual Property Rights, IPR）」。隨著資訊科技與網路的快速發展，網際網路已然成為全世界最大的資訊交流平台，「智慧財產權」所牽涉的範圍也越來越廣，在輕易及快速透過網路取得所需資訊的同時，都使得資訊智慧財產權歸屬與侵權的問題越顯複雜。

12-3-1 智慧財產權的範圍

　　「智慧財產權」（Intellectual Property Rights, IPR），必須具備「人類精神活動之成果」與「產生財產上價值」之特性範圍，同時也是一種「無體財產權」，並由法律所創設之一種權利。智慧財產權立法目的，在於透過法律，提供創作或發明人專有排他的權利，包括了「商標權」、「專利權」、「著作權」。

　　權利的內容涵蓋人類思想、創作等智慧的無形財產，並由法律所創設之一種權利。或者可以看成是在一定期間內有效的「知識資本」（Intellectual capital）專有權，例如發明專利、文學和藝術作品、表演、錄音、廣播、標誌、圖像、產業模式、商業設計等。分述如下：

■ 著作權：指政府授予著作人、發明人、原創者一種排他性的權利。著作權是在著作完成時立即發生的權利，也就是說著作人享有著作權，不需要經由任何程序，當然也不必登記。

■ 專利權：專利權是指專利權人在法律規定的期限內，對保其發明創造所享有的一種獨占權或排他權，並具有創造性、專有性、地域性和時間

性。但必須向經濟部智慧財產局提出申請，經過審查認為符合專利法之規定，而授與專利權。

■ 商標權：「商標」是指企業或組織用以區別自己與他人商品或服務的標誌，自註冊之日起，由註冊人取得「商標專用權」，他人不得以同一或近似之商標圖樣，指定使用於同一或類似商品或服務。

12-4 著作權

著作權則是屬於智慧財產權的一種，我國也在保護著作人權益，調和社會利益，促進國家文化發展，制定著作權法。所謂著作，從法律的角度來解釋，是屬於文學、科學、藝術或其他學術範圍的創作，包括語言著作及視聽製作，但不包括如憲法、法律、命令或政府公文，或依法令舉行的各種考試試題。

我國著作權法對著作的保護，採用「創作保護主義」，而非「註冊保護主義」而著作權內容則是指因著作完成，就立即享有這項著作著作權，須要經由任何程序，於著作人之生存期間及其死後五十年。至於著作權的內容則包括以下項目。

12-4-1 著作人格權

保護著作人之人格利益的權利，為永久存續，專屬於著作人本身，不得讓與或繼承。細分以下三種：

■ 姓名表示權：著作人對其著作有公開發表、出具本名、別名與不具名之權利。

■ 禁止不當修改權：著作人就此享有禁止他人以歪曲、割裂、竄改或其他方法改變其著作之內容、形式或名目致損害其名譽之權利。例如要將金庸的小說改編成電影，金庸就能要求是否必須忠於原著，能否省略或容許不同的情節。

■ **公開發表權**：著作人有權決定他的著作要不要對外發表，如果要發表的話，決定什麼時候發表，以及用什麼方式來發表，但一經發表這個權利就消失了。

12-4-2 著作財產權

即著作人得利用其著作之財產上權利，包括以下項目：

■ **重製權**：是指以印刷、複印、錄音、錄影、攝影、筆錄或其他方法有形之重複製作，是著作財產權中最重要的權利，也是著作權法最初始保護的對象。著作權係法律所賦予著作權人之排他權，未經同意，他人不得以任何方式引用或重複使用著作物，所以任何人要重製別人的著作，都要經過著作人的同意。

■ **公開口述權**：僅限於語文著作有此項權利，是指用言詞或其他方法向公眾傳達著作內容的行為。

■ **公開播放權**：指基於公眾直接收聽或收視為目的，以有線電、無線電或其他器材之傳播媒體傳送訊息之方法，藉聲音或影像，向公眾傳達著作內容。其中傳播媒體包括電視、電台、有線電視、廣播衛星或網際網路等。

■ **公開上映權**：以單一或多數視聽機或其他傳送影像之方法，於同一時間向現場或現場以外一定場所之公眾傳達著作內容。

■ **公開演出權**：是指以演技、舞蹈、歌唱、彈奏樂器或其他方法向現場之公眾傳達著作內容。

■ **公開展示權**：是特別指未發行的美術著作或攝影著作的著作人享有決定是否向公眾展示的權利。

■ **公開傳輸權**：指以有線電、無線電之網路或其他通訊方法，藉聲音或影像向公眾提供或傳達著作內容，包括使公眾得於其各自選定之時間或地點，以上述方法接收著作內容。

■ **改作權**：是指以翻譯、編曲、改寫、拍攝影片或其他方法就原著作另為

創作。因此改作別人的著作，就必須徵得著作財產權人的同意。

■ 編輯權：是指著作權人有權決定自己的著作，是否要被選擇或編排在他人的編輯著作中。其實編輯權是蠻常見的社會現象，像是某個年度的排行榜精選曲。

■ 出租權：是指著作原件或其合法著作重製物之所有人，得出租該原件或重製物。也就是把著作出租給別人使用，而獲取收益的權利。例如市面上一些DVD影碟出租店將DVD出租給會員在家觀看之用。

■ 散布權：指著作人享有就其著作原件或著作重製物對公眾散布或所有權移轉之專有權利。例如販賣賣盜版CD、畫作、錄音帶等實體物之著作內容傳輸，等皆屬侵害散布權，但透過電台或網路所作的傳輸則不屬於散布權的範圍。

12-4-3 合理使用原則

基於公益理由與基於促進文化、藝術與科技之進步，為避免過度之保護，且為鼓勵學術研究與交流，法律上乃有合理使用原則。所謂著作權法的「合理使用原則」，就是即使未經著作權人之允許而重製、改編及散布仍是在合法範圍內。其中的判斷標準包括使用的目的、著作的性質、占原著作比例原則與對市場潛在影響等。

例如為了教育目的之公開播送、學校授課需要之重製、時事報導之利用、公益活動之利用、盲人福利之重製與個人或家庭非營利目的之重製等等。在著作的合理使用原則下，不構成著作財產權之侵害，但對於著作人格權並不產生影響。或者對於研究、評論、報導或個人非營利使用等目的，在合理的範圍之內，得引用別人已經公開發表的著作。也就是說，在這種情形之下，不經著作權人同意，而不會構成侵害著作權。

舉例來說，如果以101大樓為背景設計廣告或者自行拍攝101大樓照片並作成明信片等行為，雖然「建築物」也是受著作權法保護的著作之一。但是基於公益考量，訂有許多合理使用的條文，101大樓是普遍性的

大眾建築，經濟部智慧財產局曾經表示，拍影片將101大樓入鏡或以101為背景拍攝海報等，以上行為都是「合理使用」，並不算侵權。但如果以雕塑方式重製雕塑物，那就侵權了。

　　在此要特別提醒大家注意的是，即使某些合理使用的情形，也必須明示出處，寫清楚被引用的著作的來源。當然最佳的方式是在使用他人著作之前，能事先取得著作人的授權。

12-4-4 電子簽章法

　　由於傳統的法律規定與商業慣例，限制了網上交易的發展空間，我國政府於民國九十年十一月十四日為推動電子交易之普及運用，確保電子交易之安全，促進電子化政府及電子商務之發展，特制定電子簽章法，並自2002年4月1日開始施行。

　　電子簽章法的目的就是希望透過賦予電子文件和電子簽章法律效力，建立可信賴的網路交易環境，使大眾能夠於網路交易時安心，還希望確保資訊在網路傳輸過程中不易遭到偽造、竄改或竊取，並能確認交易對象真正身分，並防止事後否認已完成交易之事實。除了網路之交易行為外，並就電子文件之效力也提出相關的規範，藉由電子簽章法的制訂，建立合乎標準的憑證機構管理制度，並賦與電子訊息具有法律效力，降低電子商務之障礙。

12-4-5 個人資料保護法

　　隨著科技與網路的不斷發展，資訊得以快速流通，存取也更加容易，特別是在享受電子商務帶來的便利與榮景時，也必須承擔個資容易外洩、甚至被不當利用的風險，因此個人資料保護的議題也就越來越受到各界的重視。近年來一直不斷發生電子商務網站個人資料外洩的事件，如何加強保護甚至妥善因應個資法，是電子商務產業面臨一大挑戰。

　　為了遏止網購業者洩露個資而讓網路詐騙有機可乘，經過各界不斷的呼籲與努力，法務部組成修法專案小組於93年間完成修正草案，歷經數年審議，終於99年4月27日完成三讀，同年5月26日總統公布「個人資料保護法」，其餘條文行政院指定於101年10月1日施行。在新版個資法尚未修訂前，法務部就已將無店面零售業列入「電腦處理個人資料保護法」的指定適用範圍。個資法立法目的為規範個人資料之蒐集、處理及利用，個資法的核心是為了避免人格權受侵害，並促進個人資料合理利用。這是對台灣的個人資料保護邁向新里程碑的肯定，但也意味著，各主管機關、公司行號，及全台2300萬人民，日後必須遵守、了解新版個資法的相關規範，與其所帶來的衝擊。

　　所謂的個人資料，根據個資法第一章第二條第一項：「指自然人之姓名、出生年月日、身分證統一編號、護照號碼、特徵、指紋、婚姻、家庭、教育、職業、病歷、醫療、基因、性生活、健康檢查、犯罪前科、聯

絡方式、財務情況、社會活動及其他得以直接或間接方式識別該個人之資料」。

　　在電子商務平台上面的賣家，無論是有實體的店面，有些會使用身分證字號做為使用者帳號，這類資料都是個人資料的一部分，都在新版個資法所適用的範圍內，同樣都需要對個人資料進行保護。舉例來說，在拍賣網站上所使用的賣家名稱，因為無法直接判別個人，所以賣家名稱並不屬於個人資料，但是賣家的聯絡電話、電子郵件、或是匯款帳號，則是屬於個人資料的一部分，個資法更加強了保障個人隱私，遏止過去個人資料嚴重的不當使用。

　　過去台灣企業對個資保護一直著墨不多，導致民眾個資取得容易，造成詐騙事件頻傳，尤其新版個資法上路後，要求商家應當採取適當安全措施，以防止個人資料被竊取、竄改或洩漏，否則造成資料外洩或不法侵害，企業或負責人可能就得承擔個資刑責及易科罰金。

12-5 網路著作權

　　在網際網路尚未普及的時期，任何盜版及侵權行為都必須有實際的成品（如影印本及光碟）才能實行。不過在這個高速發展的數位化網際網路環境裡，其中除了網站之外，也包含多種通訊協定和應用程式，資訊分享方式更不斷推陳出新。數位化著作物的重製非常容易，只要一些電腦指令，就能輕易的將任何的「智慧作品」複製與大量傳送。

　　雖然網路是一個虛擬的世界，但仍然要受到相關法令的限制，也就是包括文章、圖片、攝影作品、電子郵件、電腦程式、音樂等，都是受著作權法保護的對象。我們知道網路著作權仍然受到著作權法的保護，不過在我國著作權法的第一條中就強調著作權法並不是專為保護著作人的利益而制定，尚有調和社會發展與促進國家文化發展的目的。

　　網路著作權就是討論在網路上流傳他人的文章、音樂、圖片、攝影

作品、視聽作品與電腦程式等相關衍生的著作權問題，特別是包括「重製權」及「公開傳輸權」，應該經過著作財產權人授權才能加以利用。

在著作權法的「合理使用原則」之下，應限於個人或家庭、非散布、非營利之少量下載，如為報導、評論、教學、研究或其他正當目的之必要的合理引用。

基本上，網路平台上即使未經著作權人允許而重製、改編及散布仍是有限度可以，因此並不是網路上的任何資訊取得及使用都屬於違法行為，但是要界定合理使用原則目前仍有相當的爭議。

很多人誤以為只要不是商業性質的使用，就是合理使用，其實未必。例如單就個人使用或是學術研究等行為，就無法完全斷定是屬於侵犯智慧財產權，網路著作權的合理使用問題很多，本節將進行討論。

12-5-1 網路流通軟體介紹

由於資訊科技與網路的快速發展，智慧財產權所牽涉的範圍也越來越廣，例如網路下載與燒錄功能的方便性，都使得所謂網路著作權問題越顯複雜。例如網路上流通的軟體就可區分為三種，分述如下：

軟體名稱	說明與介紹
免費軟體 （Freeware）	擁有著作權，在網路上提供給網友免費使用的軟體，並且可以免費使用與複製。不過不可將其拷貝成光碟，將其販賣圖利。
公共軟體 （Public domain software）	作者已放棄著作權或超過著作權保護期限的軟體。
共享軟體 （Shareware）	擁有著作權，可讓人免費試用一段時間，但如果試用期滿，則必須付費取得合法使用權。

其中像「免費軟體」與「共享軟體」仍受到著作權法的保護，就使用

方式與期限仍有一定限制，如果沒有得到原著作人的許可，都有侵害著作權之虞。即使是作者已放棄著作權的公共軟體，仍要注意著作人格權的侵害問題。以下我們還要介紹一些常見的網路著作權爭議問題：

12-5-2 網站圖片或文字

　　某些網站都會有相關的圖片與文字，若未經由網站管理或設計者的同意就將其加入到自己的頁面內容中就會構成侵權的問題，或者從網路直接下載圖片，然後在上面修正圖形或加上文字做成海報，如果事前未經著作財產權人同意或授權，都可能侵害到重製權或改作權。至於自行列印網頁內容或圖片，如果只供個人使用，並無侵權問題，不過最好還是必須取得著作權人的同意。不過如果只是將著作人的網頁文字或圖片作為超連結的對象，由於只是讓使用者作為連結到其他網站的識別，因此是否涉及到重製行為，仍有待各界討論。

12-5-3 超連結的問題

　　所謂的「超連結」（Hyperlink）是網頁設計者以網頁製作語言，將他人的網頁內容與網址連結至自己的網頁內容中。例如各位把某網站的網址加入到頁面中，如http://www.google.com.tw，雖然涉及了網址的重製問題，但因為網址本身並不屬於著作的一部分，故不會有著作權問題，或是單純的文字超鏈結，只是單純文字敘述，應該也未涉及著作權法規範的重製行為。如果是以圖像作為鏈結按鈕的型態，因為網頁製作者已將他人圖像放置於自己網頁，似乎已有發生重製行為之虞，不過這已成網路普遍之現象，也有人主張是在合理使用範圍之內。

　　還有一種「框架連結」（Framing），則因為將連結的頁面內容在自己網頁中的某一框架畫面中顯示，對於被連結網站的網頁呈現，因而產生其連結內容變成自己網頁中的部分時，應有重製侵權的問題。

　　此外，國內盛行網路部落格文化，並以悅耳的音樂來吸引瀏覽者，曾

經有一位部落格版本只是用HTML語法的框架將音樂播放器崁入網頁中，就被檢察官起訴侵害著作權人之公開傳輸權。因此各位在設計網站架構時，除非取得被連結網站主的同意，否則我們會建議儘可能不要使用視窗連結技術。

12-5-4 轉寄電子郵件

電子郵件可以說是Internet上最重要、應用也是最廣氾的服務，它的出現對於現代人的生活產生了非常大的改變。除了資訊交流以外，大部分的人也習慣將文章及圖片或他人的email，以附件方式再轉寄給朋友或是同事一起分享。電子郵件的附件可能是文章或他人之信件或文字檔、音樂檔、圖形檔、電腦程式壓縮檔等，這些檔案依其情形也等同有各別的著作權，但是這種行為已不知不覺涉及侵權行為。有些人喜歡未經當事人的同意，而將寄來的email轉寄給其他人，這可能侵犯到別人的隱私權。如果是未經網頁主人同意，就將該網頁中的文章或圖片轉寄出去，就有侵犯重製權的可能。不過如果只是將該網頁的網址（URL）轉寄給朋友，就不會有侵犯著作權的問題了。更有些人喜歡惡作劇，常喜歡將一寫附有血腥、恐怖圖片的電子郵件轉寄他人，導至收件人受驚嚇而情緒失控，因為寄發這種恐怖的資訊，因而造成該人精神因此受到損，可能觸犯過失傷害罪或普通傷害罪。

12-5-5 快取與映射問題

所謂「快取」（caching）功能，就是電腦或代理伺服器會複製瀏覽過的網站或網頁在硬碟中，以加速日後瀏覽的連結和下載。也就是藉由「快取」的機制，瀏覽器可以減少許多不必要的網路傳輸時間，並加快網頁顯示速度。通常「快取」方式可以區分為「個人電腦快取」與「代理伺服器快取」兩種。例如「個人電腦快取的用途就是將曾經瀏覽過的網頁留存在自己PC的硬碟上，以方便使用者可以隨時按下「上一頁」或「下一

頁」工具鈕功能來閱讀看過的網頁。至於「代理伺服器快取」的功用，就是當我們點選進入某網頁時，代理伺服器便會先搜尋主機內是否有前一位網友已搜尋過而留下的資料備份，若有就直接回傳給我們，反之，則代理伺服主機會依照網址向該網路主機索取資料。

一份回傳給我們，一份留存備份，已備口後搜尋時，以達到避免占用網路頻寬與重複傳送到該網路主機所花費時間所特別設計之功能。

像這樣上網瀏覽網頁，以快取方式暫存在伺服器或硬碟中雖然涉及重製行為，而重製權又是專屬於著作權人的權利。

事實上，就網路傳輸的必然重製這個問題，並不一定觸犯「暫時性重製」行為，在我國著作權法中，僅禁止一般人非法重製行為，至於電腦自動產生的重製則無相關規定，目前應該還算是視為一種合理使用的範圍。

至於映射（mirrioring）功能則與「快取」相似，比如說某些ISP的網站，會取得一些廣受歡迎的熱門網站同意與授權，並將該網站的完整資料複製在自己的伺服器上。當使用者連線後，可直接在ISP的伺服器上看到這些網站，不必再連線到外部網路。不過這還是會有牽涉到該網站的時效、完備性及相關著作權與隱私權的問題。

12-5-6 暫時性重製

一般說來，資訊內容在電腦中運作時就會產生重製的行為。例如各位在電腦中播放音樂或影片時，此時記憶體中必定會產生和其相同的一份資料以供播放運作之用，這就算是一種重製。不僅如此，利用硬碟中暫存區空間所放置的資料（原意是用來加快讀取的速度），在法律上而言，也是屬於重製的行為。

而在電腦與網路行為有涉及重製權的部分，包括上傳（upload）、下載（download）、轉貼（repost）、傳送（forward）、將著作存放於硬碟〔或磁碟、光碟、隨機存取記憶體（RAM）、唯讀記憶體（ROM）〕、列印（print）、修改（modify）、掃描（scan）、製作檔案或將BBS上屬

於著作性質資訊製作成精華區等。

　　不過按照世界貿易組織「與貿易有關之智慧財產權協定」第九條提到，修正「重製」之定義，使包括「直接、間接、永久或暫時」之重複製作。另增訂特定之暫時性重製情形不屬於「重製權」之範圍。

　　例如我們使用電腦網路或影音光碟機來觀賞影片、聆聽音樂、閱讀文章、觀看圖片時，這些影片、音樂、文字、圖片等影像或聲音，都是先透過機器之作用而「重製儲存」在電腦或影音光碟機內部的RAM後，再顯示在電視螢幕上。聲音則是利用音響設備來播放，當關機的同時這些資訊也就消失了，這種情形就是一種「暫時性重製」的現象。這是屬於技術操作過程中必要的過渡性與附帶性流程，並不具獨立經濟意義的暫時性重製，因此不屬於著作人的重製權範圍，不必獲得同意。

　　不過日前行政院所通過的「著作權法」修正草案，已將暫時性重製明列為著作權法重製的範圍，但為讓使用人有合理使用的空間，增列重製權的排除規定。也就是說，網路使用者瀏覽網頁內容時的資料暫存或傳輸過程中必要的暫時性重製，都是該條合理使用的範圍。以後單純上網瀏覽網頁內容，收聽音樂或觀賞電影，都不會構成著作權侵害。

　　雖然我國智慧財產局官員強調只要加上合理使用範圍的相關配套，暫時性重製問題就不會人人皆罪，不過相信只要暫時性重製是著作權法上的重製權範圍，那日後可能的爭議必定會層出不窮。

10-5-7　網域名稱權爭議

　　在網路發展的初期，許多人都只把「網域名稱」（Domain name）當成是一個網址而已，扮演著類似「住址」的角色，後來隨著網路技術與電子商務模式的蓬勃發展，企業開始留意網域名稱也可擁有品牌的效益與功用，因為網域名稱不僅是讓電腦連上網路而已，還應該是企業的一個重要形象的意義，特別是以容易記憶及建立形象的名稱，更提升為辨識企業提供電子商務或網路行銷的表徵，成為一種有利的網路行銷工具。由於「網

域名稱」採取先申請先使用原則，許多企業因爲尚未意識到網域名稱的重要性，導致無法以自身商標或公司名稱作爲網域名稱。近年來網路出現了一群搶先一步登記知名企業網域名稱的「域名搶註者」（Cybersquatter），俗稱爲「網路蟑螂」，讓網域名稱爭議與搶註糾紛日益增加，不願妥協的企業公司就無法取回與自己企業相關的網域名稱。政府爲了處理域名搶註者所造成的亂象，或者網域名稱與申訴人之商標、標章、姓名、事業名稱或其他標識相同或近似，台灣網路資訊中心（TWNIC）於2001年3月8日公布「網域名稱爭議處理辦法」，所依循的是ICANN（Internet Corporation for Assigned Names and Numbers）制訂之「統一網域名稱爭議解決辦法」。

12-5-8 侵入他人電腦

　　網路駭客侵入他人的電腦系統，不論是有無破壞行為，都已構成了侵權的舉動。之前曾發生有人入侵政府機關網站，並將網頁圖片換成色情圖片。或者有學生入侵學校網站竄改成績。這樣的行為已經構成刑法「入侵電腦罪」、「破壞電磁紀錄罪」、「干擾電腦罪」等，應該依相關規定處分。如果是更動電腦中的資料，由於電磁紀錄也屬於文書之一種，因此還會涉及偽造文書罪或毀損文書罪。

　　隨著網路寬頻的大幅改善，現在許多年輕人都沉迷於線上遊戲，因為線上遊戲日漸風行，相關的法律問題也隨之產生。線上遊戲吸引人之處，在於玩家只要持續「上網練功」就能獲得寶物，例如線上遊戲的發展後來產生了可兌換寶物的虛擬貨幣。這些虛擬寶物及貨幣，往往可以轉賣其它玩家以賺取實體世界的金錢，並以一定的比率兌換，這種交易行為在過去從未發生過。有些玩家運用自己豐富的電腦知識，利用特殊軟體（如特洛依木馬程式）進入電腦暫存檔獲取其他玩家的帳號及密碼，或用外掛程式洗劫對方的虛擬寶物，再把那些玩家的裝備轉到自己的帳號來。

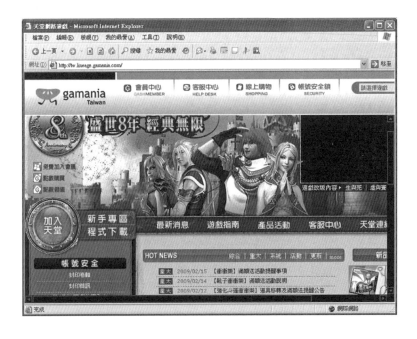

　　這到底構不構成犯罪行為？由於線上寶物目前一般已認為具有財產價值，這已構成了意圖為自己或第三人不法之所有或無故取得、竊盜與刪除或變更他人電腦或其相關設備之電磁紀錄的罪責。

12-6 創用CC授權簡介

臺灣創用CC的官網

　　隨著數位化作品透過網路的快速分享與廣泛流通，各位應該都有這樣的經驗，有時因為電商網站設計或進行網路行銷時，需要到網路上找素材（文章、音樂與圖片），不免都會有著作權的疑慮，一般人因為害怕造成侵權行為，卻也不敢任意利用。近年來網路社群與自媒體經營盛行，例如一些網路知名電商社群時時常有轉載他人原創內容的需求，因此被檢舉侵

犯著作權而造成不少風波，也讓人再次思考網路著作權的議題。不過現代人觀念的改變，多數人也樂於分享，總覺得獨樂樂不如眾樂樂，也有越來越多人喜歡將生活點滴以影像或文字記錄下來，並透過許多社群來分享給普羅大眾。

因此對於網路上著作權問題開始產生了一些解套的方法，在網路上也發展出另一種新的著作權分享方式，就是目前相當流行的「創用CC」授權模式。基本上，創用CC授權的主要精神是來自於善意換取善意的良性循環，不僅不會減少對著作人的保護，同時也讓使用者在特定條件下能自由使用這些作品，並因應各國的著作權法分別修訂，許多共享或共筆的網站服務都採用此種授權方式，讓大眾都有機會共享智慧成果，並激發出更多的創作理念。

所謂「創用CC」（Creative Commons）授權是源自著名法律學者美國史丹佛大學Lawrence Lessig教授於2001年在美國成立Creative Commons非營利性組織，目的在提供一套簡單、彈性的「保留部分權利」（Some Rights Reserved）著作權授權機制。「創用CC授權條款」分別由四種核心授權要素（「姓名標示」、「非商業性」、「禁止改作」以及「相同方式分享」），組合設計了六種核心授權條款（姓名標示、姓名標示─禁止改作、姓名標示─相同方式分享、姓名標示─非商業性、姓名標示─非商業性─禁止改作、姓名標示─非商業性─相同方式分享），讓著作權人可以透過簡單的圖示，針對自己所同意的範圍進行授權。創用CC的4大授權要素說明如下：

標誌	意義	說明
（i 圖示）	姓名標示	允許使用者重製、散布、傳輸、展示以及修改著作，不過必須按照作者或授權人所指定的方式，標示出原著作人的姓名。

標誌	意義	說明
(=)	禁止改作	僅可重製、散布、展示作品，不得改變、轉變或進行任何部分的修改與產生衍生作品。
(S)	非商業性	允許使用者重製、散布、傳輸以及修改著作，但不可以為商業性目的或利益而使用此著作。
(O)	相同方式分享	可以改變作品，但必須與原著作人採用與相同的創用CC授權條款來授權或分享給其他人使用。也就是改作後的衍生著作必須採用相同的授權條款才能對外散布。

　　透過創用CC的授權模式，創作者或著作人可以自行挑選出最適合的條款作為授權之用，藉由標示於作品上的創用CC授權標章，因此讓創作者能在公開授權且受到保障的情況下，更樂於分享作品，無論是個人或團體的創作者都能夠在相關平台進行作品發表及分享。

本章習題

1. 資訊精確性的精神為何？
2. 請解釋資訊存取權的意義。
3. 請簡述創用CC的4大授權要素。
4. 請簡介創用CC授權的主要精神。
5. 什麼是網域名稱？網路蟑螂？
6. 著作人格權包含哪些權利？
7. 試簡述專利權。
8. 有些玩家運用自己豐富的電腦知識，利用特殊軟體進入電腦暫存檔獲取其他玩家的虛擬寶物，可能觸犯哪些法律？
9. 請簡述電子簽章法的目的。
10. 何謂「資訊倫理」？有哪四種標準？

習題解答

第一章

1. 未來web 3.0的精神就是網站與內容都是由使用者提供，每台電腦就是一台伺服器，網路等於包辦一切工作。Web3.0最大價值不再是提供資訊，而是建造一個更加人性化且具備智慧功能的網站，並能針對不同需求與問題，交給網路提出一個完全解決的系統。

2. Web 2.0一詞的源起，始於知名出版商O'Reilly Media。Web 2.0的基本概念，是在於從過去Web 1.0時的電視傳播方式，也就是類似全球資訊網由網站發送內容給使用者的單向模式（如瀏覽動作），轉變成雙向互動的方式，讓使用者可以參與網站這個平台上內容的產生（如部落格、網頁相簿的編寫）。

3. 1995年的10月2日是3Com公司的創始人，電腦網路先驅羅伯特‧梅特卡夫（B. Metcalfe）於專欄上提出網路的價值是和使用者的平方成正比，稱爲「梅特卡夫定律」，是一種網路技術發展規律，也就是使用者越多，對原來的使用者而言，反而產生的效用會越大。

4. 網路經濟是一種分散式的經濟，帶來了與傳統經濟方式完全不同的改變，最重要的優點就是可以去除傳統中間化，降低市場交易成本，整個經濟體系的市場結構也出現了劇烈變化，這種現象讓自由市場更有效率地靈活運作。在傳統經濟時代，價值來自產品的稀少珍貴性，對

於網路經濟所帶來的網路效應（Network Effect）而言，有一個很大的特性就是產品的價值取決於其總使用人數，透過網路無遠弗屆的特性，一旦使用者數目跨過門檻，也就是越多人有這個產品，那麼它的價值自然越高。

5. 金融科技（Financial Technology, FinTech）是指一群企業運用科技進化手段來讓各式各樣的金融服務變得更有效率，簡單來說，現代金融科技引發了許多破壞式創新，都是這個趨勢所應運出新服務的角色。

6. QR-Code行動支付的優點則是免辦新卡，可以突破行動支付對手機廠牌的仰賴，不管Android或iOS都適用，還可設定多張信用卡，等於把多張信用卡放在手機內，還可上網購物，民眾只要掃瞄支援廠商商品的QR Code，就可以直接讓消費者以手機進行付款，讓交易更安心更方便。

7. O2M是線下（Offline）與線上（Online）和行動端（Mobile）進行互動，或稱為OMO（offline-mobile-online），也就是Online（線上）To Mobile（行動端）和Offline（線下）To Mobile（行動端）並在行動端完成交易，與O2O不同，O2M更強調的是行動端，打造線上-行動-線下三位一體的全通路模式，形成實體店家、網路商城、與行動終端深入整合行銷，並在線下完成體驗與消費的新型交易模式。

第二章

1. 克里斯‧安德森（Chris Anderson）提出的長尾效應（The Long Tail）的出現，也顛覆了傳統以暢銷品為主流的觀念，由於實體商店都受到80/20法則理論的影響，多數都將主要企業資源投入在20%的熱門商品（big hits），不過只要企業市場或通路夠大，透過網路科技的無遠弗屆的伸展性，這些涵蓋不到的80%尾巴（Tail）商品所占的冷門市場也不容小覷。

2. 所謂行銷組合的4P理論是指行銷活動的四大單元，包括產品（product）、價格（price）、通路（place）與促銷（promotion）等四項，也就是選擇產品、訂定價格、考慮通路與進行促銷等四種。

3. 通路是由介於廠商與顧客間的行銷中介單位所構成，通路運作的任務就是在適當的時間，把適當的產品送到適當的地點。企業與消費者的聯繫是透過通路商來進行，通路對銷售而言是很重要的一環。

4. 分別為顧客（Customer）、成本（Cost）、便利（Convenience）和溝通（Communication）。

5. 美國行銷學家溫德爾‧史密斯（Wended Smith）在1956年提出的S-T-P的概念，STP理論中的S、T、P分別是市場區隔（Segmentation）、目標市場目標（Targeting）和市場定位（Positioning）

6. SWOT分析（SWOT Analysis）法是由世界知名的麥肯錫咨詢公司所提出，又稱為態勢分析法，是一種很普遍的策略性規劃分析工具。當使用SWOT分析架構時，可以從對企業內部優勢與劣勢與面對競爭對手所可能的機會與威脅來進行分析，然後從面對的四個構面深入解析，分別是企業的優勢（Strengths）、劣勢（Weaknesses）、與外在環境的機會（Opportunities）和威脅（Threats），就此四個面向去分析產業與策略的競爭力。

7. 品牌（Brand）就是一種識別標誌，也是一種企業價值理念與商品質優異的核心體現，甚至品牌已經成長為現代企業的寶貴資產，我們可以形容品牌就是代表店家或企業你對客戶的一貫承諾，最終目的不只是追求銷售量與效益，而是重新思維與定位自身的品牌策略，最重要的是要能與消費者引發「品牌對話」的效果。

8. 訊息傳播、粉絲交流、社群擴散、購買動機。

9. 購買者與分享者差異性、品牌建立的重要性、累進式的行銷傳染性、圖片表達的優先性。

第三章

1. 目標在有效地從多面向取得客戶的資訊，就是建立一套資訊化標準模式，運用資訊技術來大量收集且儲存客戶相關資料，加以分析整理出有用資訊，並提供這些資訊用來輔助決策的完整程序。

2. 操作型（Operational）、分析型（Analytical）和協同型（Collaorative）三大類CRM系統。

3. 企業建置資料倉儲的目的是希望整合企業的內部資料，並綜合各種整體外部資料來建立一個資料儲存庫，是作為支援決策服務的分析型資料庫，能夠有效的管理及組織資料，並能夠以現有格式進行分析處理，進而幫助決策的建立。

4. 線上分析處理（Online Analytical Processing, OLAP）可被視為是多維度資料分析工具的集合，使用者在線上即能完成的關聯性或多維度的資料庫（例如資料倉儲）的資料分析作業並能即時快速地提供整合性決策，主要是提供整合資訊，以做為決策支援為主要目的。

5. 大數據（Big Data，又稱大資料、大數據、海量資料），是由IBM於2010年提出，主要特性包含三種層面：巨量性（Volume）、速度性（Velocity）及多樣性（Variety）。

6. Hadoop是Apache軟體基金會因應雲端運算與大數據發展所開發出來的技術，使用Java撰寫並免費開放原始碼，用來儲存、處理、分析大數據的技術，優點在於有良好的擴充性，程式部署快速等，同時能有效地分散系統的負荷。

7. 最近快速竄紅的Apache Spark，是由加州大學柏克萊分校的AMPLab所開發，是目前大數據領域最受矚目的開放原始碼（BSD授權條款）計畫，Spark相當容易上手使用，可以快速建置演算法及大數據資料模型，目前許多企業也轉而採用Spark做為更進階的分析工具，是目前相當看好的新一代大數據串流運算平台。

8. 人工智慧（Artificial Intelligence, AI）的概念最早是由美國科學家John McCarthy於1955年提出，目標為使電腦具有類似人類學習解決複雜問題與展現思考等能力，舉凡模擬人類的聽、說、讀、寫、看、動作等的電腦技術，都被歸類為人工智慧的可能範圍。簡單地說，人工智慧就是由電腦所模擬或執行，具有類似人類智慧或思考的行為，例如推理、規畫、問題解決及學習等能力。

9. 機器學習（Machine Learning, ML）是大數據與人工智慧發展相當重要的一環，算是人工智慧其中一個分支，機器通過演算法來分析數據、在大數據中找到規則，機器學習是大數據發展的下一個進程，可以發掘多資料元變動因素之間的關聯性，進而自動學習並且做出預測，充分利用大數據和演算法來訓練機器，讓它學習如何執行任務，其應用範圍相當廣泛，從健康監控、自動駕駛、機台自動控制、醫療成像診斷工具、工廠控制系統、檢測用機器人到網路行銷領域。

10. 「關係行銷」（Relationship Marketing）是以一種建構在「彼此有利」為基礎的觀念，強調銷售是關係的開始，而非交易的結束，發展出了解客戶需求，而進行客戶服務，以建立並維持與個別客戶的關係，謀求雙方互惠的利益。

11. 商業智慧（Business Intelligence,BI）是企業決策者決策的重要依據，屬於資料管理技術的一個領域。BI一詞最早是在1989年由美國加特那（Gartner Group）分析師Howard Dresner提出，主要是利用線上分析工具（如OLAP）與資料探勘（Data Mining）技術來淬取、整合及分析企業內部與外部各資訊系統的資料資料，將各個獨立系統的資訊可以緊密整合在同一套分析平台，並進而轉化為有效的知識，目的是為了能使使用者能在決策過程中，即時解讀出企業自身的優劣情況。

12. 非結構化資料（Unstructured Data）是指那些目標不明確，不能數量化或定型化的非固定性工作、讓人無從打理起的資料格式，例如社交

網路的互動資料、網際網路上的文件、影音圖片、網路搜尋索引、
Cookie紀錄、醫學記錄等資料。

第四章

1. 利用搜索引擎的搜索規則、搜尋習慣、網站行銷目標來提高網站在搜
   索引擎內的排名順序，以便能在各搜尋引擎裡中被瀏覽者有效搜尋，
   以增加被搜尋的機會。

2. 搜尋引擎的資訊來源主要有兩種，一種是使用者或網站管理員主動登
   錄，一種是撰寫程式主動搜尋網路上的資訊。

3. 網路廣告可以定義為是一種透過網際網路傳播消費訊息給消費者的傳
   播模式，擁有互動的特性，能配合消費者的需求，進而讓顧客重複參
   訪及購買的行銷活動。

4. 優秀的品牌App首要任務是「服務」，App具備連網與多媒體特性，除
   了更能跟消費者互動，還可置入產品宣傳。透過App滿足行動使用者的
   體驗與傳播需求之外，就品牌形象而言，推出顧客需要的訊息，懂得
   把顧客應該知道的需求，直接送到顧客手上。

5. SERP（Search Engine Results Pag, SERP）是使用關鍵字，經搜尋引擎
   根據內部網頁資料庫查詢後，所呈現給使用者的自然搜尋結果的清單
   頁面，SERP的排名是越前面越好。

6. 原生廣告（Native advertising）就是近年受到熱門討論的廣告形式，不
   再守著傳統的橫幅式廣告，而是圍繞著使用者體驗和產品本身，最大
   的特色是可以將廣告與網頁內容無縫結合，讓消費者根本沒發現正在
   閱讀一篇廣告。

7. 關鍵字行銷起源於關鍵字搜尋，由於入口網站的搜尋服務，加上網路
   的普及和便利，讓關鍵字搜尋的數量大幅增加。也就是說，關鍵字廣
   告可以讓您的網站資訊，曝光在各大網站搜尋結果最顯著的位置，因

為每一個關鍵字的背後可能都代表一個購買的動機。

8.「病毒式行銷」（Viral Marketing）主要的方式並不是設計出電腦病毒讓造成主機癱瘓，也並不等於「電子郵件行銷」。它是利用一個真實事件，以「奇文共欣賞」的分享給周遭朋友，透過人與人之間的口語傳播，並且一傳十、十傳百地快速轉寄這些精心設計的商業訊息。

第五章

1.「粉絲」是聽眾，要成為他人「粉絲」，只要在該人的Plurk頁面按了追蹤按鈕，如此一來，就可以在自己的河道上看到該人所發出的訊息。而「朋友」則是經過雙方確認過的、互為粉絲的兩個人，所以兩個人都可以在自己的河道上看到對方的訊息

2.Facebook廣告方式分為Cost-per-impression（CPM）以及Cost-per-click（CPC）兩種廣告方式。從字義來看，CPM是以顯示的次數來做收費的，CPC的廣告則類似Google AdWords廣告，以被點擊的次數來計費。

3.限時動態（Stories）功能相當受到年輕世代喜愛，能讓臉書的會員以動態方式來分享創意影像，跟其他社群平台不同的地方，是又多了很多有趣的特效和人臉辨識互動玩法。這樣限時消失的功能主要源自於相當受到歐美年輕人喜愛的SnapCha社群平台，推出14個月以來，臉書限時動態每日經常用戶數已達到1.5億。限時動態功能會將所設定的貼文內容於24小時之後自動消失，除非使用者選擇同步將照片或影片發布在動態時報上，不然照片或影片會在限定的時間後自動消除。

4.臉書新增了「悄悄傳」功能，各位可以透過此功能分享只會存在一段時間的照片或影片給特定的朋友，只有傳送跟接收者可以看到，而且每次傳送的內容最多只可以觀看2次，在超過24小時後即自動刪除、無法再被觀看，也無法儲存照片。很多人習慣在任何時間與他人分享照

片或影片，但同時又希望保有隱私性，「悄悄傳」功能既可滿足用戶的需求，也帶來更有趣且具創意的體驗。

5. 粉絲專頁不同於個人臉書，臉書好友的上限是5000人，而粉絲專頁可針對商業化經營的企業或公司，它的粉絲人數並無限制，屬於對外且公開性的組織。粉絲專頁必須是組織或公司的代表，才可建立粉絲專頁，粉絲專頁還可以在臉書的動態時報上分享訊息。

第六章

1. Instagram是一個結合手機拍照與分享照片機制的新社群軟體，目前有超過6億的全球用戶，Instagram操作相當簡單，而且具備即時性、高隱私性與互動交流相當方便，時下許多年輕人會發佈圖片搭配簡單的文字來抒發心情。

2. 首次使用Instagram登入，可以選擇以Facebook帳號或是以電話號碼、電子郵件來註冊。Instagram較特別的地方是「用戶名稱」可以和姓名不同。

3. 各位所拍攝的相片／視訊如果只想和幾個好朋友分享與行銷，那麼可以透過「摯友名單」的功能來建立。

4. 限時動態目前提供文字、直播、一般、Boomerang、超級聚焦、倒轉、一按即錄等功能，當你將限時動態的內容編輯完成後，按下頁面左下角的「限時動態」鈕，就會將畫面顯示在首頁的限時動態欄位。

第七章

1. 微博行銷是指通過微博平台為商家、個人等創造價值而執行的一種行銷方式，在微博上運作品牌，粉絲是關鍵，很多藝人都會透過微博發布他們的行程或心情給大家知道，在微博上發出一句話、一段影片，

所有粉絲都可以在第一時間接收到。因為中國大陸人口眾多，透過微博的發布與分享，可以讓更多的粉絲關注，增加偶像藝人或品牌的名氣與曝光率。

2. 微博可以輸入文字、上傳圖片、紀錄生活大小事，隨時和朋友分享最新資訊，且可以使用電腦或手機來發布訊息。當各位希望能即時掌握明星藝人的最新動態，隨時分享新鮮事物，或是記錄自己生活的心情點滴。

3. 除了使用手機號碼、電子郵件進行登入外，也可以直接使用Facebook登入微博。

4. 要成為微博的會員需要支付金額，各位可選擇開通1個月、3個月、6個月或12個月，付款方式有微信支付、支付寶、手機、翼支付或會員卡支付等選擇方式。

第八章

1. 影音部落格（Video web log, Vlog），也稱為「影像網路日誌」，主題非常廣泛，是傳統純文字或相片部落格的衍生類型，允許網友利用上傳影片的方式來編寫網誌分享作品。關於影片上傳最具代表性網站就是YouTube。

2. 隨著4G網路及手持行動裝置的快速普及，近年來興起一種新型態影音作品微電影（Micro film），是指一種專門運用在各種新媒體平台上播放的短片，適合在行動狀態或短時間休閒狀態下觀看的影片，能在最短的時間內讓網站更有效地向準客戶傳達產品的特色與好處。

3. 它的特點是具有完整的故事情節，播放長度短、製作時間少、投資規模小，長度通常低於300秒，可以獨立成篇，而內容則融合了幽默搞怪、時尚潮流、公益教育、形象宣傳等主題。

4. 專案內容要吸引觀看者的目光，多層次的素材堆疊是豐富影片的最佳

方式，所以各位可以多加運用。

5. 功能表包含「檔案」、「編輯」、「檢視」、「播放」四大類，而其右側還包含五個常用的快速存取工具鈕，由左到右依序為：「儲存專案」、「復原」、「取消復原」、「設定專案顯示比例」、「設定使用者功能設定」。

6. 歡迎視窗包括「完整功能模式」、「簡易編輯模式」、「快速專案範本」、「創意主題設計師」、「幻燈片秀編輯器」五種模式。

7. 所謂的「淡入」是讓聲音漸漸由無變有聲，而「淡出」則是聲音漸漸變無聲。

8. 子母視窗是在影像畫面上面還有另一個小的影像畫面，這種表現方式經常在電視新聞或是專訪的節目中經常看得到。

9. 威力導演劇本的專有格式為*.pds，專案檔的特點是檔案量小，因為它僅儲存編輯的記錄而沒有儲存素材，所以當素材的位置被搬動位置，那麼再次開啟專案檔時就得重新連結素材。

10. 腳本檢視模式能夠清楚看到每個素材的縮圖，而時間軸則是以軌道方式顯示素材。通常要快速編排影片順序，可選用腳本檢視模式，而轉場特效、音訊、標題等細節的編輯則選用時間軸模式來處理。

第九章

1. 隨著智慧型裝置的普及，不少企業藉行動通訊軟體增進工作效率與降低通訊成本，甚至作為公司對外宣傳發聲的管道，行動通訊軟體已經迅速取代傳統手機簡訊。LINE軟體就是智慧型手機上可以使用的一種免費通訊程式，它能讓各位在一天24小時中，隨時隨地盡情享受免費通話與通訊，甚至透過方便不用錢的「視訊通話」和遠在外地的親朋好友通話。

2. LINE真的比較容易抓住東方消費者含蓄的個性，首先用貼圖來取代文

字，活潑的表情貼圖是LINE的最大特色，不僅比文字簡訊更爲方便快速，還可以表達出情緒的豐富性，目前非常受到手機族群的喜愛。LINE的貼圖可以讓你盡情表達哭與笑，推出熊大、兔兔、饅頭人與詹姆士等超人氣偶像，LINE主題人物的話題性趣味十足。

3. ①以ID／電話號碼搜尋功能，輸入ID或電話號碼米加入好友。其中透過手機號碼找朋友，還眞的是挺方便的，如果各位不想要的讓對方有你的電話就能隨便亂加的話，請在好友設定中，取消勾選「允許被加入好友」，這樣就不會被亂加了。

②以手機鏡頭直接掃描對方的QR code來加入好友。

③雙方一同開啓藍芽功能，即可配對加入好友。

4. 在決定創作LINE貼圖時，首要工作就是先進行角色的發想。例如各位可以憑空創造一個虛擬主角，如果還沒有任何的想法，不妨先從自己喜歡的卡通人物、動物、玩具等或是熟悉的人事物開始著手，以記事本先逐一列出清單，再一一過濾淘汰，找出最有把握與感覺的主題人物來進行發想設計。

5. 「LINE集點卡」也是LINE官方帳號提供的一項免費服務，除了可以利用QR code或另外產生網址在線上操作集點卡，透過此功能商家可以輕鬆延攬新的客戶或好友，運用集點卡創造更多的顧客回頭率，還能快速累積你的官方帳號好友，增加銷售業績。

6. 全新LINE官方帳號擁有「無好友上限」，以往LINE@生活圈好友數量八萬的限制，在官方帳號沒有人數限制，還包括許多LINE個人帳號沒有的功能，例如：群發訊息、分眾行銷、自動訊息回覆、多元的訊息格式、集點卡、優惠券、問卷調查、數據分析、多人管理等功能，不僅如此，LINE官方帳號也允許多人管理，店家也可以針對顧客群發訊息，而顧客的回應訊息只有商家可以看到。

第十章

1. 直播最大的好處在於進入門檻低，只需要網路與手機就可以開始，不需要專業的影片團隊也可以製作直播，利用直播的互動與真實性吸引網友目光，藉由直播可以增進人與人之間的連結，而這是其他行銷方式無法比擬的優勢。

2. 直播成功的關鍵在於創造真實的內容，有些很不錯的直播內容都是環繞著特定的產品或是事件，將產品體驗開箱拉到實況平台上，可以更真實的呈現產品與服務的狀況。每個人幾乎都可以成為一個獨立的電視頻道，讓參與的粉絲擁有親臨現場的感覺，也可以帶來瞬間的高流量。

3. 臉書直播沒有技術門檻，只要有手機和網路就能輕鬆上手，開啓麥克風後再按下臉書的「直播」或「開始直播」鈕，就可以向臉書上的朋友販售商品。

4. 在Instagram開直播的方式大致上臉書相同，都是透過「相機」功能，再到底端切換到「直播」選項，只要按下「開始直播」鈕，Instagram就會通知你的一些粉絲，以免他們錯過你的直播內容。

5. 各位如果要使用Google Hangouts進行視訊會議或線上交談，除了可以安裝App軟體外，也可以透過瀏覽器就可以使用，只要擁有Google帳號，就可以線上Google Hangouts進行通訊。

6. 為了達到在電腦、Android、iOS跨平台即時通訊，只要在每一台行動裝置下載安裝Android或iOS App，再登入自己的Google帳號，就可以在電腦、Android、iOS所有裝置保持同步，可以在跨平台不同裝置間保留聊天紀錄，隨時隨地延續與朋友間的對話內容。

7. 所謂直播帶貨（Live Delivery），就是直播主使用直播技術進行近距離商品展示、諮詢答覆、導購與銷售的新型服務方式，也是屬於粉絲

經濟的範疇，乍聽下來和電視購物類似，不過直播比起電視購物的臨場感與便利性又更勝一籌，直播帶貨所帶來的互動性與親和力更強。

第十一章

1. 從行銷的角度來說，臉書與微博的傳播廣度雖然驚人，但是朋友間互動與彼此信任的深度卻是遠不及微信。微信的文章不但沒有字數限制，還可以在中間插入許多圖片相片、視頻等多媒體素材，例如標題是否能讓粉絲有想點擊的興趣，最關鍵的是圖文是否能引起粉絲共鳴，讓大多數潛在消費者主動關注。

2. 微商最早的定義是指在微信（WeChat）朋友圈內銷售的商務活動，加上微信的封閉性和資訊接收的精準性，帶來了一種全新的經濟方式，現在我們已經把微商泛稱那些是泛利用行動端的社群媒體，如微信、微博、QQ、LINE、FB等，建立且分享個人或產品的口碑，最終滿足粉絲需求的一種商業行為，也就是只要一個人，一部手機與朋友圈就可以準備在行動社群網路賣貨的那些商家。

3. 要新增朋友，你可以直接在介面上方的搜尋列上輸入朋友的WeChat ID或手機號碼。如右上圖所示，筆者在搜尋列上輸入朋友的WeChat ID，就可以馬上看到朋友的詳細資料，確認對象後按下「加入通訊錄」鈕就完成新增朋友的動作。

4. WeChat所提供的群組聊天和通話，最多可容納高達500人的群組，同時9人同步進行視訊通話。所以利用這種方式，除了可和自己的親朋好友聯繫感情外，很多的公司行號或商品銷售，也都是透過這樣的方式來傳送優惠的訊息或方案給消費者知道，此種方式也是最便宜、又有效的廣告行銷手法。

5. 每個WeChat用戶都有自己的QR Code，由「我的設定」頁面中點選你的WeChat ID，進入「個人資訊」頁面時，再點選「我的QR Code」選

項，就可以看到自己的QR Code。

第十二章

1. 資訊精確性的精神就在討論資訊使用者擁有正確資訊的權利或資訊提供者必須提供正確資訊的責任，也就是除了確保資訊的正確性、真實性及可靠性外，還要規範提供者如果提供錯誤的資訊，所必須負擔的責任。

2. 資訊存取權最直接的意義，就是在探討維護資訊使用的公平性，包括如何維護個人對資訊使用的權利？如何維護資訊使用的公平性？與在哪個情況下，組織或個人所能存取資訊的合法範圍。

3.

標誌	意義	說明
(i)	姓名標示	允許使用者重製、散布、傳輸、展示以及修改著作，不過必須按照作者或授權人所指定的方式，標示著作人的姓名。
(=)	禁止改作	僅可重製、散布、展示作品，不得不得改變、轉變或進行任何部分的修改與產生衍生作品。
($)	非商業性	允許使用者重製、散布、傳輸以及修改著作，但不得為商業性目的而使用此著作。
(↻)	相同方式分享	可以改變作品，但必須與原著作人採用與相同的創用CC授權條款來授權或分享給其他人使用。

4. 創用CC授權的主要精神是來自於善意換取善意的良性循環，不僅不會減少對著作人的保護，同時也讓使用者在特定條件下能自由使用這些作品，這種方式讓大眾共享智慧成果，並激發出更多的創作理念。

5. 「網域名稱」（Domain Name）是以一組英文縮寫來代表以數字為

主的IP位址，例如榮欽科技的網域名稱是www.zct.com.tw。由於「網域名稱」採取「先申請先使用」之原則，許多企業因為早期尚未意識到網域名稱的重要性，導致無法以自身之商標或公司名稱作為網域名稱，近年來網路出現了出現了一群搶先一步登記知名企業網域名稱的「域名搶註者」（Cybersquatter），俗稱為「網路蟑螂」，讓網域名稱爭議與搶註糾紛越來越多。

6. 姓名表示權、禁止不當修改權、公開發表權。

7. 專利權是指專利權人在法律規定的期限內，對保其發明創造所享有的一種獨占權或排他權，並具有創造性、專有性、地域性和時間性。但必須向經濟部智慧財產局提出申請，經過審查認為符合專利法之規定，而授與專利權。

8. 由於線上寶物目前一般已認為具有財產價值，這已構成了意圖為自己或第三人不法之所有或無故取得、竊盜與刪除或變更他人電腦或其相關設備之電磁紀錄的罪責。

9. 電子簽章法的目的就是希望透過賦予電子文件和電子簽章法律效力，建立可信賴的網路交易環境，使大眾能夠於網路交易時安心，還希望確保資訊在網路傳輸過程中不易遭到偽造、竄改或竊取，並能確認交易對象真正身分，並防止事後否認已完成交易之事實。

10. 「資訊倫理」就是探究人類使用資訊行為對與錯之問題，適用的對象則包含了廣大的資訊從業人員與使用者，範圍則涵蓋了使用資訊與網路科技的價值觀與行為準則。Richard O. Mason在1986年時提出以資訊隱私權（Privacy）、資訊正確性（Accuracy）、資訊所有權（Property）、資訊存取權（Access）等四類議題，稱為PAPA理論，來討論資訊倫理的標準所在。

國家圖書館出版品預行編目資料

最新社群與行動行銷實務應用／陳德來著.
－－初版.－－臺北市：五南圖書出版股份
有限公司, 2023.09
面；　公分
ISBN 978-626-366-414-2（平裝）

1.CST: 網路行銷　2.CST: 網路社群
496　　　　　　　　　　112012521

5R44

最新社群與行動行銷實務應用

作　　　者 — 陳德來

策　　　劃 — 數位新知（526）

發 行 人 — 楊榮川

總 經 理 — 楊士清

總 編 輯 — 楊秀麗

副總編輯 — 王正華

責任編輯 — 張維文

封面設計 — 陳亭瑋

出 版 者 — 五南圖書出版股份有限公司

地　　　址：106台北市大安區和平東路二段339號4樓

電　　　話：(02)2705-5066　　傳　　　真：(02)2706-6100

網　　　址：https://www.wunan.com.tw

電子郵件：wunan@wunan.com.tw

劃撥帳號：01068953

戶　　　名：五南圖書出版股份有限公司

法律顧問　林勝安律師

出版日期　2023年9月初版一刷

定　　　價　新臺幣500元

經典永恆・名著常在

五十週年的獻禮 —— 經典名著文庫

五南，五十年了，半個世紀，人生旅程的一大半，走過來了。

思索著，邁向百年的未來歷程，能為知識界、文化學術界作些什麼？

在速食文化的生態下，有什麼值得讓人雋永品味的？

歷代經典・當今名著，經過時間的洗禮，千錘百鍊，流傳至今，光芒耀人；

不僅使我們能領悟前人的智慧，同時也增深加廣我們思考的深度與視野。

我們決心投入巨資，有計畫的系統梳選，成立「經典名著文庫」，

希望收入古今中外思想性的、充滿睿智與獨見的經典、名著。

這是一項理想性的、永續性的巨大出版工程。

不在意讀者的眾寡，只考慮它的學術價值，力求完整展現先哲思想的軌跡；

為知識界開啟一片智慧之窗，營造一座百花綻放的世界文明公園，

任君遨遊、取菁吸蜜、嘉惠學子！